U0200221

北京先农坛志

北京古代建筑博物馆　编

学苑出版社

图书在版编目（CIP）数据

北京先农坛志 / 北京古代建筑博物馆编. — 北京：学苑出版社，2020.6
ISBN 978-7-5077-5965-5

Ⅰ. ①北… Ⅱ. ①北… Ⅲ. ①祭祀遗址—概况—西城区 Ⅳ. ①K878.6

中国版本图书馆CIP数据核字（2020）第121866号

责任编辑：周　鼎
出版发行：学苑出版社
社　　址：北京市丰台区南方庄 2 号院 1 号楼
邮政编码：100079
网　　址：www.book001.com
电子信箱：xueyuanpress@163.com
联系电话：010-67601101（营销部）、010-67603091（总编室）
印　刷 厂：三河市灵山芝兰印刷有限公司
开本尺寸：787×1092　1/16
印　　张：17.625
字　　数：300 千字
版　　次：2020 年 7 月第 1 版
印　　次：2020 年 7 月第 1 次印刷
定　　价：298.00 元

《乾隆京城全图》中的先农坛（清乾隆十五年，1750年）

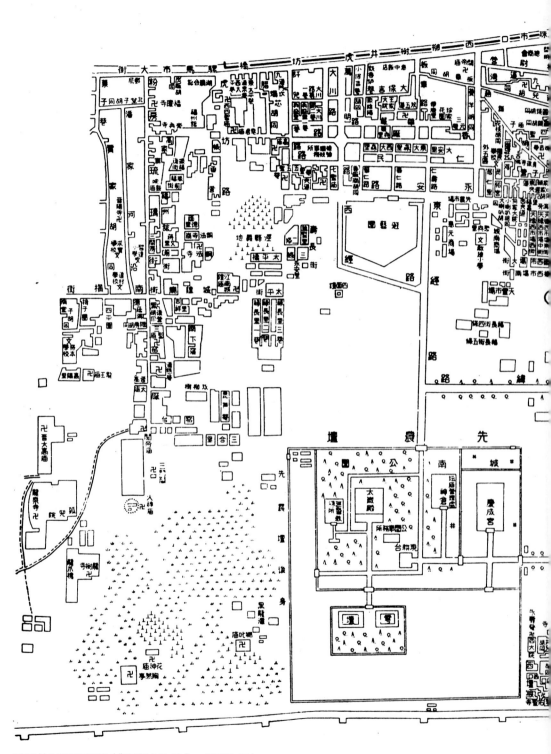

民国外五区平面图（《旧都文物略》，1935 年）

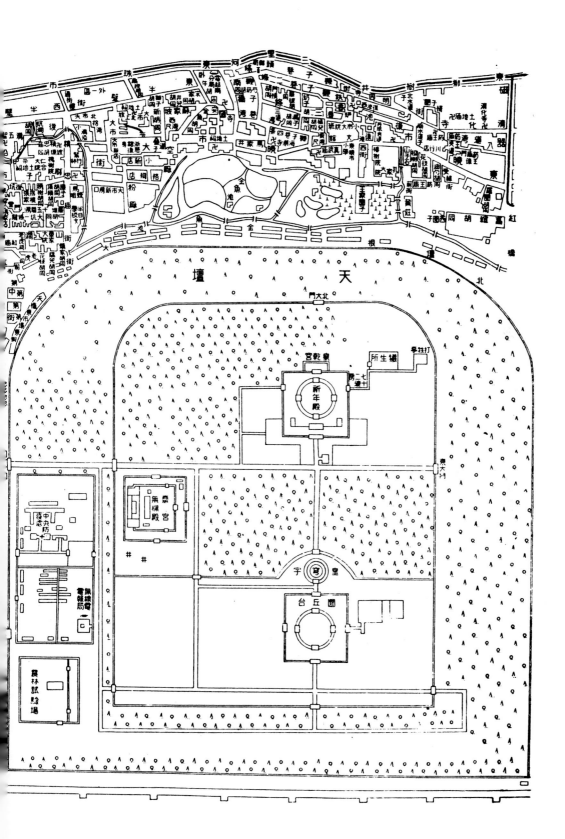

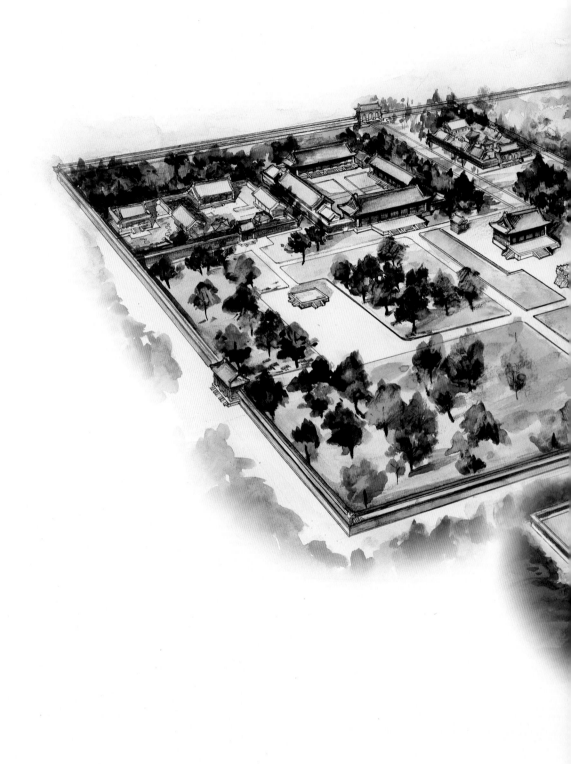

先农坛内坛及神祇坛鸟瞰

先农神坛

观耕台

神仓

太岁殿

拜殿

具服殿

庆成宫

神厨

宰牲亭

仓房

碾房

收谷亭

焚帛炉

地祇坛景观

先农门（先农坛正门）

内坛北门

时任副市长何鲁丽（左二）在太岁殿修缮竣工典礼上（1990 年）

著名古建筑专家罗哲文先生在"北京隆福寺藻井吊装研讨会"上（1995 年）

著名古建筑专家杜仙洲先生在"北京隆福寺藻井
吊装研讨会"上（1995 年）

著名古建筑专家于倬云先生在"北京隆福寺藻井
吊装研讨会"上（1995 年）

北京市宣武区青少年教育基地命名大会（1995 年）

引进爱国主义教育展"平顶山大屠杀惨案特展"（1995 年）

著名古建筑专家单士元先生在"中国古代建筑展"大纲研讨会上发言（1997 年）

时任北京市文物局局长单霁翔在"中国古代建筑展"
大纲研讨会上（1997 年）

著名建筑专家张开济先生在"中国古代建筑展形式设计研讨会"上（1998 年）

世界著名建筑大师贝聿铭先生来馆参观（1998 年）

著名建筑专家吴良镛先生在"中国古代建筑展"开幕式上（1999年）

"中国古代建筑展"开幕仪式（1999年）

神厨修缮开工仪式（2000 年）

北京先农坛古坛区开放暨"北京先农坛历史文化展"开幕式（2002 年）

"北京先农坛历史文化展"展厅（2002 年）

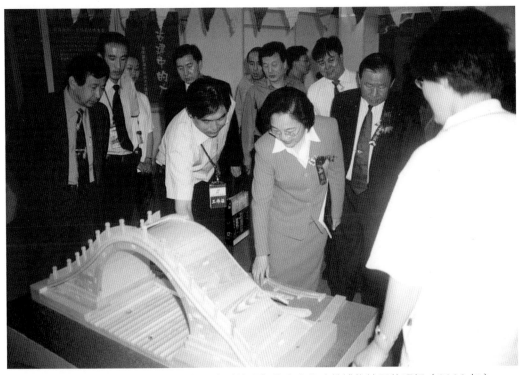

时任副市长林文漪在"2002 年北京科技周"北京古代建筑博物馆展位现场（2002 年）

复原后的清光绪时期太岁坛祭祀陈设（2011 年）

复原后的清光绪时期先农坛祭祀陈设（2011 年）

第二次"中国古代建筑展"开幕式（2012年）

"先农坛历史文化展"的"中和韶乐"乐器展厅（2014年）

"先农坛历史文化展"展厅（2014 年）

"先农坛历史文化展"展厅（2014 年）

太岁殿匾揭幕式（2015 年）

复原后的太岁殿匾（2015 年）

文物专家吴梦麟先生在太岁殿匾揭幕式上致辞（2015年）

北京市文物局领导参观"中华古亭展"（2016年）

举行"敬农文化"展演（2016年）

修复后的国家一级文物"明代隆福寺毗卢殿藻井"

修复后的国家一级文物"明代隆福寺万善正觉殿藻井"

馆藏模型：北京先农坛太岁殿角科斗拱

馆藏模型：山西万荣飞云楼

馆藏模型：山西应县佛宫寺释迦塔（应县木塔）

馆藏模型：山西太原晋祠圣母殿

馆藏模型：山西五台南禅寺

馆藏模型：1949年老北京沙盘模型

学生参观"1949年老北京沙盘模型"

序

2020 年，明清北京城建城 600 年。

600 年的光阴，是沧桑，也是历史深厚情怀的载体。

昔日封建时代的北京，承载着太多厚重的历史，也包含着众多神祇祭祀之所，帝王们希冀江山永祚，也企盼着苍天与神祇福佑所谓王朝的"国"和百姓的"家"之平安。这是一个农业时代国家的政治主题。

农业时代的文化内涵中无论物质的还是非物质的，与农业主题密切相关的事物最为重要也最受关注。

北京先农坛，是农业时代体现农业理念的一处昔日皇家祭坛，也是 600 年前新城初开之时明清北京城的重要组成（那时被称为北京山川坛）。从此，承载着后人对农业始祖炎帝神农氏的景仰，承载着后人企盼先人泽被后世的愿望，一代又一代，在这里上演着敬农祈愿的国家政治大戏，直到封建时代结束。

以后的百年，是一个国家从古代变身为近现代国家的纷繁时期。百年来北京先农坛历尽沧桑，古代坛庙功能的消失、作为公园不成功的开放、坛区被分割另做他途等，最终消逝于人们的视线中，直到 20 世纪 80 年代后期才开始重获新生。百年来的坎坷令人不胜感慨与唏嘘。

编写一本《北京先农坛志》，既是历史的要求，也是人们的期盼。十几年前有过这个设想，不过那时北京先农坛的史料集刚刚付梓面世，很多需要再一步的探讨与研究并未展开，编写坛志的时机并不成熟。

此后，经过十几年的历程，历史研究、技术研究都有了长足进步：出版了大量研究作品；恢复了展示清末先农祭享乐舞的"敬农展演"活动；进行了卓有成效的坛区文物复原工作，恢复了坛区五处清代建筑挂匾，恢复了清末先农神、太岁神祭祀陈设，等等。这些工作，极大丰富了人们对北京先农坛的认知，也为北京先农坛能够完全重回世人视野打下了必要的基础。

因此，在"第十二个五年规划"即将结束之年，《北京先农坛志》重新提上编写日程就是顺理成章之事。

作为北京先农坛文物事业传续者，北京古代建筑博物馆在专家学者指导下编写出版这部志书，能够为文物界、古建界、文化界、历史界所认同，能够为人们所应用参考，是我们感到由衷欣慰的。

这部志书也是向北京先农坛建坛 600 年的献礼之作，具有不凡的意义。

2019 年春于北京

目　　录

第一章

建置与功能

北京先农坛位于今北京市西城区东经路 21 号，始建于明永乐十八年（1420年），是一座皇家祭祀和供奉中国古代农业始祖——先农神炎帝神农氏的祭祀之坛，也是天子亲行耤田礼之处。

中国自古以农为本，具有丰厚的农耕文化积淀。远古以来，对农业之神的祭拜不绝于世。在众多的神祇中，以战国时期出现的神农氏为农业神中的重要代表。汉代信奉"五行相替"，将国运五行定为"火德"。因此，代表南方之神的炎帝受到统治者推崇，被人为地与神农氏相结合，形成了一个全新的神祇——炎帝神农氏，称之先农之神，意即农业始祖或开始农业的先祖之神。有意思的是，天子亲行耤田礼原本虽也具有农业文化因素，但实质上却是统治者的政治行为，其象征意义大于实际功用。而且，由于农业内涵和礼仪表现的需要，在汉代，耤田礼与炎帝神农氏祭拜结合，形成了影响后代的先农之祀。

随着人们对先农祭祀制度的不断完善，先农之神的祭祀建筑也日趋完善，因而出现的时间也并不统一。其中，神仓较早，大约出现于周代早期；祭祀神坛（拜台）出现于南北朝的南朝宋；观耕台则出现于南北朝的南朝梁。

明太祖朱元璋于南京（金陵）建都，以"驱逐胡虏，恢复中华"为己任，大力提倡恢复周代以来各种坛庙祭祀之礼。不过，其间的很多祭祀礼仪是朱元璋在对以往的神祇祭祀文化内涵并不完全认同的情况下形成的，如山川坛、先农坛、旗纛庙共居一处的格局，便是如此。这种现象，也出现在如何对待耤田千亩上，经过朱元璋本人的理解，耤田面积缩减为一亩三分，即以象征性取代实际意义。

明成祖为体现其政治的正统性，营建北京时将南京的宫殿、坛庙、衙署等官式建筑之所原样复制建于新都，"悉仿南京旧制，惟高敞广丽过之"。今天，除庆成宫和神祇坛外，我们所见的北京先农坛的布局情况，大体上体现了当年南京山川坛的样子。

北京先农坛的建筑格局变化，大体可分为三个时期。

第一个时期是明初。明永乐十八年（1420年）建成后，沿袭了明南京的称呼，称为山川坛。此时的建筑格局为：外坛、内坛。内坛包括山川坛建筑群，含山川坛正殿和东西两庑及南侧焚帛炉；神厨建筑群，含神牌库、神厨、神库；宰牲亭；具服殿、仪门、耤田。到了明天顺时期，又在东侧内外坛墙之间添建了供天子祭祀先农前的斋戒之所——斋宫。

第二个时期是明中期。明嘉靖帝在位时，山川坛更名神祇坛。在内坛之南辟建天神坛、地祇坛，将原本供奉于山川坛正殿内的风雨雷雨天神和岳镇海渎地祇，移至天神地祇坛供奉；将山川坛正殿除太岁神外的神祇，撤并到其他神庙；天子亲祭时，在仪门之南临时搭建木质观耕台；在旗纛庙和东侧内坛墙之间辟建神仓，用以收贮天子耤田所出作物，以为京城坛庙祭祀之用。明嘉靖时期的建筑添建，奠定了今日北京先农坛建筑格局的基础。明万历四年（1576年），神祇坛更名先农坛。

第三个时期是清代乾隆期。这个时期是坛内原有建筑的改建和调整时期，即将明代天子亲耕时临时搭建的木质观耕台，改建为琉璃砖石结构观耕台；拆除清代从未祭祀行礼的旗纛庙，但保留了旗纛庙后院，同时，又将东侧神仓迁建于此；改建东侧斋宫，拆除宫前鼓楼，将斋宫更名为庆成宫。清乾隆时期也曾对先农祭礼进行了局部调整。这个时期形成了今日北京先农坛最终文物古建格局。

可以说，明清两代北京先农坛格局的变化，在相当程度上是以各时期的统治者对坛内神祇供奉的不同理解而调整的。

第一节　先农神坛、观耕台、具服殿

一、先农神坛

先农神坛北距神厨建筑群45米，东北距太岁殿70米。与神牌库在同一轴线上的先农神坛，是历朝历代祭祀先农神的核心功能建筑。

先农神坛（拜台）为一座坐北朝南的平台，砖石结构，正方形，周四丈七尺（约15米），高四尺五寸（约1.5米），面积为273平方米。坛四出陛，各有八级台阶，神坛地面砌金砖，没有任何装饰。

《国语·周语·上》说"王乃使司徒咸戒公卿、百吏、庶民，司空除坛于耤，命农大夫咸戒农用"。可见，至少在周代就已经出现了祭祀农业神祇的祭坛。

先农神坛（先农神拜台）

南朝宋文帝元嘉二十一年（444年）春，"亲耕，乃立先农坛于耤田中阡西陌南。高四尺，方二丈。为四出陛。陛广五尺，外加埒。去阡陌各二十丈"（《宋书·志第七·礼四》），将祭坛建在耤田中。从此，先农之神祭祀建坛成为定制。

虽然，后世的祭坛既有建在耤田之中的，也有建在耤田外的，但是祭坛与耤田从此再没有分开出现过。

明初，明太祖朱元璋在南京始建先农坛，但当时既无壝墙亦无棂星门。明永乐迁都后沿袭，清代亦无改变。

明初，先农坛是山川坛的组成部分。明嘉靖十年（1531年），山川坛改称神祇坛；万历四年（1576年）改神祇坛为先农坛。自此，先农坛之名沿用至清亡。

清代天子祭祀先农神，从紫禁城出发，经正阳门来到先农坛东侧的正门——先农门，再由内坛东门沿御路向西绕过观耕台，径直向西到达先农神坛。

祭祀先农神的神案、神牌，保存在神牌库内。每年在皇帝祭先农神的当天早晨，礼部尚书率太常寺卿属先到神牌库上香行礼，再从神牌库中恭请先农神位，放在先农神坛设置的神幄中。祭祀完毕，太常寺官员即会将神牌恭送回神牌库安放。

祭祀前，要在先农神坛与神牌库间的神道上搭建走牲道，用以迎送先农神牌及驱使祭祀用的三牲。走牲道由木料搭建，外罩黄色丝绸，木构髹红漆，每根立柱外侧支起戗柱，以稳固结构。迎送完毕，走牲道即被拆除，所用的搭建材料则在坛内暂存，以备来年继续使用。

祭祀先农神时，坛上设黄色神帷，内设先农神位，面南。神座前设怀桌一张，罩黄色桌衣，上设酒盏三十件。怀桌前为笾豆案，罩黄色桌衣，上设红色爵垫一件、爵三件、登一件、铏二件、簠二件、簋二件、笾十件、豆十件、筐一件。

幄外笾豆案前为一俎，髹红漆，俎内置犊、羊、豕太牢三牲，三牲北向。俎前为三件几，中间陈设铜香炉，左右陈设白色魫灯。神幄前西边设祝案一张，南向，罩黄色桌衣，设祝版。神幄偏东侧馔桌一张，南向，陈设盛有神馔的木盘一件。祭台台面东侧设福胙桌一张，坐东向西。尊桌一张，陈设尊三件，罩布幂、锡酒勺。接桌一张，陈设木香盒一件。祭台台面西侧设接福胙桌一张，坐西向东。南阶上正中为拜幄，黄色，北向，为皇帝拜位，幄内设皇帝拜褥。

1949 年育才学校进驻先农坛后，先农神坛被学校用作领操台。

2011 年开始，北京古代建筑博物馆联合北京市西城区文化委员会等文化单位举办"敬农文化节"（2014 年起更名为"敬农展演"）。这里便成了该项活动的中心，发挥着新的功能。

二、观耕台

观耕台位于内坛北门以里西南、内坛东门之西，先农坛具服殿正南。它是清代皇帝四推四返亲耕后，观看王公大臣及顺天府尹带领大兴县、宛平县令及耆老农夫终亩的专用看台。

观耕台建筑占地面积约 435 平方米。台高 1.9 米，台平面正方形，边长 16.06 米，台面面积为 258 平方米。台上四周设汉白玉石栏板，龙云望柱头，台面所铺方砖为金砖软磨而成。须弥座四面为黄绿琉璃砖，每面束腰由三组雕刻组成：中间为黄琉璃砖上雕有绿色如意吉祥纹图案，图案中为黄色如意宝珠，两侧绘有盛开的黄宝相花朵和花蕾。上、下枭混的曲线圆润，每块黄琉璃砖上为绿色莲瓣卷草纹图案；上、下枋上雕刻黄色行龙身缠绿色藻草叶图案。台东、西、南三面设九级汉白玉条石台阶，每一层台阶的踏步正面均雕有 23 朵宝相花缠枝纹图案，台四周汉白玉地伏雕刻莲花宝相纹图案。踏步两帮下象眼儿的黄琉璃砖上刻有绿色卷草绶带纹图案。

观耕台出现在南北朝时的南朝宋。当时称作"御耕坛"，"元嘉二十年，太祖将

观耕台

亲耕……立先农坛于中阡西陌南，御耕坛于中阡东陌北”（《宋书·志第四·礼一》）。

南朝梁时，梁武帝萧衍也照刘宋之制如法炮制，"普通二年，又移耤田于建康北岸……别有望耕台，在坛东。帝亲耕毕，登此台，以观公卿之推伐"（《隋书·卷七·志第二·礼仪二》）。

北齐时也曾出现过"御耕坛"的称谓，"……又为大营于外，又设御耕坛于阡东陌北……殿中监进御耒于坛南，百官定列。帝出便殿，升耕坛南陛，即御座。应耕者各进于列"（《隋书·卷七·志第二·礼仪二》）。

创建观耕台的本意，就是皇帝按古礼"三推三返"后，在此观看王公大臣继续耕作，直至农夫终亩。前述记载表明观耕台发挥了两个作用：皇帝耕耤前先登此台落座，观看从耕人等"依次进场"，在耤田中各就各位；然后皇帝下观耕台行三推之礼；再登台看众大臣终亩。

唐代，亲耕耤田、祭祀先农炎帝神农氏之时临时构筑观耕台，"设御耕位于先农坛南十步"（《文献通考·郊社考二十》）。

宋代，文献中多次出现名为"耕坛"的观耕台，台上设幄次，皇帝坐在幄次中观看终亩。

元代文献中未见有建造观耕台的记载。

明代建国伊始，太祖朱元璋拟于明南京城东南辟建先农坛，并于坛东南设"耕耤位"，也就是观耕台。其台南北两出陛，北上南下，"高三尺，阔二丈五尺"（《钦定四库全书·明集礼》卷12，以下简称《大明集礼》）。洪武九年（1376年），朱元璋改建南京山川坛，将先农坛纳入山川坛，观耕台被取消，以"仪门"代之，皇帝在此观看王公及应天府尹、县令、耆老庶人等终亩。

永乐帝朱棣迁都北京，仿照南京坛庙之制复建北京山川坛。北京山川坛建成后的一百多年内，明代皇帝坐在仪门处的御位上进行观耕。明嘉靖十年（1531年），大臣建议"其御门观耕，地位卑下，议建观耕台一"（《明史·志第二十五·礼三》），于是决定每年耕耤典礼前用木材临时搭建观耕台，"用木，方五丈，高五尺，南、东、西三出陛"（《天府广记》卷8）。

清乾隆十九年（1754年），清高宗下旨将仪门拆除，观耕台改为汉白玉石栏琉璃台座形式，以为永久之用，"十九年奉旨：观耕台着改用砖石制造。钦此"（光绪《大清会典事例》卷865）。乾隆"三十九年三月，上亲耕耤。诏嗣后耕耤时，观耕台添设幄次"（《清朝文献通考》卷110）。自此之后清代观耕台最终定型，沿用至清亡。

清代，皇帝亲耕完毕，由礼部尚书奏请后，太常寺官恭导皇帝由中阶登上观耕

民国初年的观耕台与观耕亭

台至御座落座，准备观看三王九卿从耕。台上设有皇帝观耕用黄色御座，面向耤田方向摆放。作为皇帝出入的护卫——后扈内大臣立在皇帝御座的东、西两边，四位记录天子言行的记注官则由西阶登上，面向东立于观耕台西南角。台下王公百官、顺天府尹率属及耆老农夫，向皇帝行三跪九叩礼。随后，皇帝开始观看王公九卿耕作。

1915 年，民国政府在观耕台上按照西洋样式搭建了八角二层观耕亭，1935 年拆除。

1949 年育才学校进驻北京先农坛，观耕台被用作学校领操台。

北京市文物局接收后，观耕台得以修缮并恢复原貌。如今观耕台的剪影已成为一种象征性标志，并作为北京古代建筑博物馆馆徽使用。

三、具服殿

具服殿，位于太岁殿建筑群的东南侧。明清时为皇帝祭农之后亲行耕耤礼更换服装之处。

具服殿建于明永乐十八年（1420 年），是一座建于 1.65 米的高台之上的绿琉璃

具服殿

民国时期的具服殿（诵豳堂）

复原后的具服殿仿清乾隆御笔"劭农劝稼"匾

瓦单檐歇山顶建筑，月台面积 254.5 平方米，南、西、东三出陛，南为十阶踏步，东西各为八阶踏步，殿高近 9.9 米（不含台基），面阔五间 27.22 米，进深三间 14.42 米，建筑面积 392.5 平方米，单翘单昂五踩镏金斗拱。大殿内檐为金龙和玺彩画。具服殿斗拱及大木构件局部，有明显的明代建筑特征；斗拱使用真昂，大小斗有欹顄，所有露明的梁均做成"月梁"形式，明间柱子使用侧脚。殿内明间减去四根金柱。

"具服"原指五品以上官员在陪祀、朝飨、上奏章等大事时所穿的朝服。明代，皇帝在具服殿更换耤田礼专用礼服"皮弁服"，清代则是更换黄色蟒龙袍。明代亲耕礼成之后，皇帝也曾在此饮食并犒赏从耕百官农夫。

中国古代各朝皆在郊坛设幄次，以备更换祭服之用，称"大次"或"小次"。唐时，郊祀前三日，即设"大次"在祭坛外墙东门之内道北，门南向。宋时也是这样，不过又增设了"小次"在阶之东，西向。明代则建立具服殿，作为更换祭服之所。

1915 年 6 月成立先农坛公园后，具服殿一直作为公园事务所。1927 年，张作霖政府内务部将具服殿改称"诵豳堂"并悬匾，以纪念古人重农从本的思想。时任内务部长沈瑞麟曾亲题抱柱联一副，联题：民生在勤务滋稼穑，国有兴立庇其本根（1950 年遗失）。"九一八"事变后，隶属东北军的国民军一〇五师长驻先农坛，具服殿被改为司令部。1949 年后具服殿作为育才小学图书馆。

北京古代建筑博物馆建馆后，具服殿曾作为博物馆进行科普活动、科普讲座和举办较为大型活动的重要场地，如北京市文物局新春团拜、"5·18"国际博物馆日主题活动等。2012 年始，具服殿作为北京古代建筑博物馆临时展厅使用。2015 年，依据史料记载及专家论证，恢复具服殿内仿清乾隆御笔"劲农劝稼"挂匾。

第二节　神仓建筑群

先农坛神仓建筑群，位于内坛北门以里的东南方，太岁殿建筑群的东侧。明清时用来贮存耤田秋天所获五谷，以备京城各皇家坛庙祭祀制作祭品之用（旧称"粢盛"）。

神仓建筑群占地面积约 3436 平方米，东西宽 41.2 米。南北长 83.4 米。坐北向南，全院以南北中轴左右对称。中轴线从南向北依次为山门、收谷亭、圆廪神仓、祭器库，左右分列碾房、仓房各两座。全院从圆廪神仓后设墙分成前后两进院落，

神仓

清代为一过门，对开门扇。民国时改为圆门（俗称月亮门）。

神仓山门为砖拱券无梁形制，建筑面积 72 平方米，面阔三间 13.48 米，进深 5.34 米，屋面为单檐歇山式绿琉璃砖叠涩挑檐，无斗拱，瓦面为黑琉璃瓦绿剪边。山门开三间拱券门，板门装九路门钉。

收谷亭，主要用于晾晒耤田所获谷物。收谷亭平面为方形，建筑面积 46.9 平方米。每边长为 6.85 米，南北各设三级台阶，无斗拱，雅伍墨旋子彩画，四角攒尖顶，瓦面为黑琉璃瓦绿剪边。

神仓圆廪，用以供奉将要作为各皇家坛庙粢盛的祭神谷物之用。神仓圆廪平面为圆形，建筑面积 58 平方米，直径 8.6 米，正南设五级台阶，无斗拱，屋面为圆攒尖顶，黑琉璃瓦绿剪边。圆形建筑台基上置檐柱 8 根，柱间用木板遮挡。梁架上绘有雄黄玉旋子彩画（神仓各建筑梁架上施用"雄黄"加兑樟丹调成的颜料绘制而成的雄黄玉彩画，以达到驱散杀灭仓内细菌害虫的目的），南设四扇格扇门。室内除在原地平铺方砖外，又在其上置高 16 厘米、宽 13 厘米的木地梁，上铺木地板用以防潮。

东西两侧碾房，用以脱粒、碾磨耤田收获的谷物。建筑面积各为 76.9 平方米。面阔三间 10.48 米，进深一间 7.34 米，前檐明间置三级台阶，硬山顶屋面，上铺削割瓦，雄黄玉旋子彩画。建筑仅明间开格扇门，其余各间为格扇窗。

碾房之北东西两侧为仓房，用来存储碾磨、脱粒后的谷物。仓房建筑面积各为 96.5 平方米。面阔三间 12.44 米，进深一间 7.76 米，前檐明间置三级台阶，悬山顶屋面，上铺黑琉璃瓦绿剪边，雄黄玉旋子彩画。明间瓦顶正中设悬山顶天窗，天窗高约 2.6 米，长 1.76 米，宽 0.78 米。设置天窗可以加强通风换气，减小谷物受潮霉烂的可能。仓房仅明间开格扇门，其余各间为格扇窗。

神仓后院为祭器库。建筑面积 245 平方米。面阔五间 26.17 米，进深两间 9.36 米，明间有礓磋踏步，悬山顶屋面，雄黄玉旋子彩画，上铺削割瓦。祭器库仅明间开四扇格扇门，其余各间为格扇窗。

祭器库之南左右为值房，面积各为 119.8 平方米。面阔三间 14.36 米，进深两间 8.34 米，前檐明间设一级如意踏步，悬山顶屋面，上铺削割瓦。

周代，周天子、诸侯亲行耤田礼，存储耤田农作物的仓房建于耤田东南，称廪或神仓，"是日也，瞽帅、音官以风土。廪于耤东南，钟而藏之，而时布之于农"（《国语·周语·上》）。汉代，"先农，神农炎帝也，祀以太牢，百官皆从皇帝亲执耒耜而耕……乃致耤田仓，置令丞，以给祭天地宗庙以为粢盛"（《汉官旧仪》）。到了隋代时，神仓已是功能到位的专用建筑。《隋书·卷七·志第二·礼仪二》："播殖九谷，纳于神仓，以拟粢盛。"

北京先农坛神仓，建于明嘉靖十年七月（1531 年）。据《明实录·世宗实录》卷 128 载："以恭建神祇二坛并神仓工成，升右道政何栋为太仆寺卿。"这是关于先农坛神仓建造时间的唯一记载。此时的神仓，位于先农坛斋宫（后改为庆成宫）西墙外紧邻斋宫，往西比邻旗纛庙。

清乾隆十八年（1753 年），乾隆帝下旨"先农坛旧有旗纛庙可撤去，将神仓移建于此"（光绪《清会典事例》卷 865），遂将旗纛庙前院建筑拆除，将东面的神仓移建到现在的位置，将原旗纛庙后院的三座建筑划归神仓改称祭器库，用于存放天子亲耕耤田的农具。

碾房

仓房

外国侵略军在神仓（1900 年）

神仓院大门

民国期间，神仓为北平坛庙管理处（又称"管理坛庙事务所"，隶属民国内务部，后归北平市）。

1949年新中国成立后，神仓院一直作为北京市园林局天坛公园管理处幼儿园使用。1993年4月，北京古代建筑博物馆与当时占用神仓院的北京市塑料模具厂达成腾退协议，正式划归北京市文物局。

神仓院修缮后，为北京古代建筑博物馆所有，目前前院为北京市文物保护研究所（北京市文物保护设计所）办公使用。

第三节　庆成宫建筑群

庆成宫建筑群位于先农坛内坛东门和先农门之间迤北，始建于明天顺二年（1458年），原为明代山川坛的斋宫。清乾隆二十年（1755年）奉诏将先农坛斋宫改称庆成宫，作为皇帝进入先农坛后下轿并存放御辇、等候耤田耕作完毕犒赏百官随从、接受朝贺的所在。

庆成宫建筑群坐北朝南，东西长122.84米，南北长110.14米，占地面积13529.6

庆成宫前殿

平方米。中轴线上从南向北依次为宫门、内宫门、大殿、后殿。大殿、后殿间东西两侧有东西配殿，内宫门与大殿间东西院墙上各开拱券掖门一间。

庆成宫内外宫门结构造型基本一致，为砖仿木拱券无梁形制，每座建筑面积120.7平方米，面阔五间16.54米，进深一间7.3米，屋面为单檐歇山式，绿琉璃瓦剪边，三踩单昂磨砖斗拱。建筑明次间开三间拱券门，板门装九路门钉。建筑前后台明置汉白玉石栏杆，龙云望柱头，并于每座门前后踏步中部设云纹御路石。

庆成宫大殿建筑面积约419.7平方米。前置246.93平方米的月台，周围安装有汉白玉石栏板，龙云望柱头，月台四角安有吐水龙头，正面置九阶台阶一个。台阶东西两侧各有日晷、时辰牌亭，台阶中部有云纹石板，月台东西侧置七阶台阶各一个。大殿面阔五间27.2米，进深三间15.43米，踩单翘单昂斗拱，绘有金龙和玺彩画。屋面单檐庑殿式，有推山，绿琉璃瓦。殿内明间南部减去金柱两根。大殿外檐悬挂描金云龙蓝磁芯地子陛匾，书楷书馆阁体"庆成宫"三字。匾在20世纪五六十年代已毁，2015年恢复。

大殿后面设有一隔扇门通往后殿，后殿又称寝殿，为祭祀前皇帝在此斋宿之所。后殿建筑面积约288.6平方米，面阔五间26.14米，进深三间11.04米，踩单昂斗拱，金龙和玺彩画。屋面单檐庑殿式，铺绿琉璃瓦。大殿明间的南部也采用了减

庆成宫门

庆成宫后殿（寝宫）

柱造，减去两根金柱。殿顶采用了团龙图案天花，天花的圆光用青色做底，方光用绿色，四角绘如意卷云纹。

东西配殿建筑面积各为 84.12 平方米，面阔三间 12.48 米，进深一间 6.74 米，悬山卷棚顶，绿琉璃瓦屋面，龙锦枋心彩画。

东西掖门额枋以下为砖仿木结构无梁建筑，檐头从平板枋以上为木结构。建筑面积为 64.7 平方米。面阔 8.9 米，进深 7.27 米，三踩单昂斗拱，绿琉璃歇山屋面，中部设拱券门，板门装九路门钉。

庆成宫初建时内外两重宫墙为敞廊式，廊在宫墙内侧。清乾隆二十年（1755 年）改建为实体墙。

史料没有明清两代皇帝在斋宫斋宿的记载。

中国古代皇帝在进行重大祭祀活动之前都要进行斋戒。其目的是清洁身心，戒慎行为，通过洁诚以表示对神明的恭敬。《礼记·曲礼》说："斋戒以告鬼神。"意思是斋戒者以其清心洁身，精诚神思来感动神明，而遂其所求。《礼记·祭统》明确说："斋是整齐身心，防其邪物，讫其嗜欲，耳不听乐，心不苟虑，手足不苟动。"

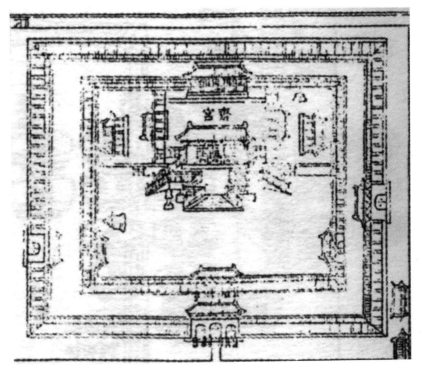

清初庆成宫平面布局

清乾隆之前，庆成宫正门外广场西南角有一座鼓楼，东南角有一座钟楼。清乾隆二十年（1755年）钟楼外围墙和鼓楼被拆除。

清代，皇帝在亲耕和观耕王公五推后，乘辇来到庆成宫，进入后殿稍事休息。过后，顺天府率两县官到庆成宫东门报终亩后，鸿胪寺官带领王公等站在丹陛上，文武各官站在丹陛下，按顺序排列好，礼部堂官奏请皇帝移驾到主殿。鸿胪寺官在隔扇外东边跪奏亲耕礼成行庆贺礼，百官行三跪九叩礼后依次就座，摆上茶桌，皇帝赐茶，百官行一叩礼，茶毕，百官出门在外敬候。礼部堂官奏庆贺礼成，皇帝乘礼舆离开庆成宫。

民国初年，庆成宫曾作为京师警察厅巡警教练所。位于庆成宫西北角的辇房被拆，没有留下任何记录。"九一八"事变后，隶属东北军的国民军一〇五师长驻先农坛，庆成宫改做兵营，驻军不仅妨碍了当时城南公园的正常开放，还时常拆毁建筑物的门窗作为木柴。民国二十年（1931年）八月，东北边防军第一通信大队进驻庆成宫。抗战时期，庆成宫建筑群及以北区域曾被日军作为卫生试验所。1946年，庆成宫作为国民党医学机构中央卫生实验院北平分院驻地使用。新中国成立后的相

庆成宫（1900 年）

当长一段时间内，古建筑又被作为中国医学科学院药物研究所使用。庆成宫建筑群四周皆为民居，东西两座掖门及庆成宫内宫门被居民封砌或拆改为住房，院落北墙外、内外两道宫门之间的区域变成民居杂院。1956 年，因先农坛体育场扩建附属运动场所，钟楼被拆除。

2000 年文物部门接收庆成宫古建筑群并进行了大规模修缮，修缮完成后未对外开放。

第四节　神厨建筑群及宰牲亭

一、神厨建筑群

神厨建筑群（神厨院）位于太岁殿建筑群西侧，院外西北侧有宰牲亭，西南侧有山川井（毁于民国）。明清两代为先农坛全坛所有祭祀的神祇制作祭祀供品，以及平时存放神牌和祭祀礼器的场所。

神厨院坐北朝南，占地面积 3791 平方米，东西宽 56 米，南北长 67.7 米，"坛北为殿五间，以藏神牌，东神库，西神厨，各五间，左右井亭各一"（《日下旧闻考》卷 55）。

神厨院门

神厨院（由左至右）：神厨、神牌库、神库

神厨大门设计简洁，是一座只使用两根立柱、悬山顶牌楼式大门，采用带有斗拱的实踏门形制，建筑面积17.9平方米，面阔6.88米，进深2.6米，斗拱为五踩单翘单昂斗拱。

院落正北为正殿神牌库，建筑面积342.4平方米，面阔五间26米，进深四间13.17米，削割瓦悬山顶。前檐明间置五级台阶，屋内明间减金柱四根。

东殿为神库，是存放坛内所有神祇祭祀用品的库房。建筑面积270.92平方米，面阔五间26米，进深一间10.42米，前檐明间置礓磜台阶，削割瓦悬山顶。室内外梁枋均用墨线大点金龙锦枋心旋子彩画。建筑仅明间开门，其余各间为槛墙上开窗。

西殿为神厨，是为坛内各神祇祭祀制作供品之处。面阔五间26.4米，进深两间10.4米，建筑面积271.6平方米。前檐明间置礓磜台阶，削割瓦悬山顶，墨线大点金龙锦枋心旋子彩画。在后檐的明间设槛墙，槛墙上开设方格窗，窗下设石水槽，为排放制作祭品废水之用。

院内东南、西南部各有一座六角井亭，为制作供品用水的取水处。井亭建筑面

神牌库内的清乾隆时期彩画

积各 48.9 平方米，六角形，每边长 4.34 米，三踩单昂镏金斗拱，挑金做法。井亭建筑用材比例关系与宋《营造法式》一样，结构具有明代早期的风格。井亭中心有井口，上置高近 80 厘米的六角形石井台。井亭为中空盝顶，上铺顺望板与井口相对，有采集"天地之气"的寓意。

清乾隆十八年（1753 年）前，先农坛内所有非祀享之时的神祇神牌都供奉于神牌库。清乾隆十八年（1753 年）开始，神牌库只供奉先农之神和天神地祇神牌。每年皇帝恭祭先农神，礼部尚书率太常寺卿属到此上香行礼，从神牌库恭请先农神位，沿院内通往先农神坛的走牲棚上先农神坛，安放于先农神幄中。祭祀完毕，太常寺官员将先农神牌恭送回神牌库安放。

1918 年后，神厨院用作古物保存所及保安警察第二队屯驻地，其后借做巡警教练所。民国二十年（1931 年）东北军第四通信大队占驻神厨院落及宰牲亭。

1949 年育才学校进驻北京先农坛后，神厨建筑群逐渐作为育才学校校舍使用，神牌库为女生宿舍，西殿为音乐教室，东殿为乒乓球室。20 世纪六七十年代神厨院落被育才学校改为校办工厂。由于不合理使用，除了油污电火花危及殿宇木构件外，破坏性的建设也相当严重，殿内地层机桩深近 2 米，院西围墙北端无存，院内窝棚随处可见。由于得不到养护维修，古建筑屋檐坍塌、檩条糟朽、梁枋劈裂，甚至出现基础下沉、墙体开裂并外闪，随时都有倒塌的危险。

1996 年，北京古代建筑博物馆营造设计部做了实地勘察，提出保护维修方案。1998 年育才学校校办工厂迁出。随之古建筑得以修缮。

2002 年 10 月，神牌库及东殿作为"北京先农坛历史文化展"基本陈列展厅对外开放；西殿暂未开放。2014 年再次改陈后，全院古建筑均作为"先农坛历史文化展"展厅开放，使古建筑得到科学使用，发挥了更好的社会效益。

二、宰牲亭

宰牲亭在神厨院外西北方，西侧紧邻先农坛内坛西墙。

宰牲亭是明清时祭祀先农坛内诸神宰杀牺牲之所。因旧时祭祀用牺牲只能以木器击杀，故宰牲亭也称"打牲亭"。

宰牲亭是一座无斗拱的重檐悬山顶大殿，面阔五间 20.13 米，进深三间 12.98

宰牲亭

米，建筑面积 261.3 平方米。殿内正中有一长 2.4 米、宽 1.6 米、深 1.3 米的漂牲池，池下设有排水口（牺牲宰杀后要架在上面，用烧开的水浇在牺牲身上，煺身上的毛和洗清身上的污秽之物）。宰牲亭内檐为旋子彩画，外檐彩画无地仗，直接绘于大木之上，保留了明早期建筑的特色。宰牲亭因其独有的外观，曾被著名古建专家单士元先生称为"中国古建官式建筑活化石"。

民国期间宰牲亭的使用与东侧神厨院相同。

1949 年育才学校进驻北京先农坛后，宰牲亭成为堆放学校杂物的储物间。20 世纪六七十年代又成为育才学校校办工厂的附属建筑，除堆放杂物外，还堆放水泥、白灰、煤炭等建筑、生活材料。古建筑遭到严重破坏。

2005 年，宰牲亭被确定为科普活动场所。2008 年奥运会期间，宰牲亭被确定为科普展厅对外开放，展出"古建中的力"科普展（模型部分）。建筑南方和东侧空地分别作为"古建中的力"（文字部分）、"农神的足迹"室外展区。

2009 年起，宰牲亭院用作北京古代建筑博物馆库房区，未再对外开放。

第五节　太岁殿建筑群及焚帛炉

一、太岁殿建筑群

太岁殿建筑群位于先农坛内坛北门西南侧，东为神仓，西为神厨，南为具服殿，居于先农坛内坛建筑的中心地带。明嘉靖前，这里祭祀岳、镇、海、渎、风、云、雷、雨、城隍、天寿山诸神祇，为山川坛正殿。明嘉靖始专祀太岁，称太岁坛。清代因之，称太岁殿。东西两侧的配殿专祀春夏秋冬。

太岁殿建筑组群占地面积8988.8平方米，东西宽79.9米，南北长112.5米，含四座单体建筑，南为拜殿、北为太岁殿，东西配殿各十一间。建筑间用围墙相连，有随墙门四个。拜殿东南另有砖石结构焚帛炉一座。

拜殿是明清时代祭祀官员祭拜太岁神的祭拜处，系穿殿，南北大门对开，建筑面积约860平方米，面阔七间50.96米，进深三间16.88米，前置332.5平方米的月台，正面置六级台阶三个。后檐分别在明间、稍间置六阶台阶。拜殿结构上采用减柱做法，室内仅有八根立柱，减去北侧明间、稍间的四根。彻上明造。梁背上所用瓜柱采用骑栿的做法，是明代官式建筑特有的手法。屋面单檐歇山式，黑琉璃瓦绿剪边。檐柱头有砍杀，柱头有生起。斗拱为五踩单翘单昂镏金斗拱，挑金做法。殿宇前檐三间开四扇格扇门，稍间下砌槛墙，上置四扇格扇窗，尽间砌墙，后檐七间全部开启四扇格扇门，格扇形制为四抹头，菱花为三交六椀。内檐彩画为墨线大点金旋子彩画，而外檐彩画为金龙和玺彩画。

太岁殿建筑面积1319.7平方米，面阔七间51.35米，明间、稍间前置六阶台阶，进深三间25.7米，为先农坛内最大的单体建筑。彻上明造。屋面单檐歇山式，黑琉璃瓦绿剪边。柱础石为素面覆盆式，檐柱高6.2米，柱头有砍杀，檐柱有生起。斗拱为七踩单翘双昂镏金斗拱，挑金做法。殿宇前檐七间各开四扇格扇门，其余三面砌墙，格扇为四抹头，菱花为三交六椀。内檐彩画为龙锦枋心墨线大点金，外檐为金龙和玺彩画。

太岁之神的国家祭祀始于元代。《元史·成宗本纪》记载："至元三十一年夏四月，即皇帝位，五月壬子祭太阳、太岁、火土等星于司天台。"《续文献通考》也说：

太岁殿

拜殿

"元每有大兴作，祭太岁、月将，值日于太史院。"

"古无太岁、月将坛宇之制，明始重其祭"（《明史·志第二十五·礼三》）。明代建国伊始，太岁诸神在天地坛作为圜丘从祀（明初，以太岁、风、雨、雷师从祀圜丘——《续通志》卷112）。洪武二年（1369年），另建山川坛、先农坛，采纳大臣建议将"太岁、风云雷雨诸天神合为一坛，诸地祇为一坛，春秋专祀"。不久，又因"诸神阴阳一气，流行无间，乃合二坛为一，而增四季月将"（《明史·志第二十五·礼三》），将诸神合并为一处祭坛致祭。洪武九年（1376年），朱元璋更改并确定山川坛坛制，建山川坛正殿，其内共设太岁神与风云雷雨、岳、镇、海、渎、钟山七座分祀坛，四季神分别祭于配殿。永乐迁都北京后，北京山川坛格局未变。嘉靖十一年（1532年），于山川坛内坛之南另行辟建天神坛、地祇坛，山川坛正殿风云雷雨改祭于天神坛，岳镇海渎改祭于地祇坛，山川坛正殿仅余太岁神，东西配殿则祭十二月将神（每殿各六，东庑为元、二、三、七、八、九月，西庑为四、五、六、十、十一、十二月）。

太岁殿外檐悬挂太岁殿匾，描金云龙蓝磁芯地子陡匾，书楷书馆阁体"太岁殿"三字。民国期间字被铲掉，改为"忠烈祠"三字。匾毁于20世纪五六十年代。2015年恢复挂匾。

太岁殿明间北墙下有一座高1.24米、进深1.6米、面阔3.18米的汉白玉须弥座，座身四周雕刻有卷云、莲花纹饰，为明代特征，应为明嘉靖时添建的太岁坛龛座，供奉"太岁之神"的牌位。

清乾隆十八年（1753年）前每逢祭祀太岁，都要先将安奉于先农坛神厨正殿（神牌库）内的太岁神牌请至太岁坛。清乾隆十八年（1753年）改为太岁神牌常年供奉于此，永为定制。

神龛前为笾豆案，罩黄色桌衣，上设红色爵垫一件、爵三件、登一件、铏二件、簠二件、簋二件、竹笾十件、豆十件、筐一件、珠三十件。

笾豆案前为一俎，髹红漆，俎内置犊、羊、豕太牢三牲，三牲北向。俎前为几五件，中间陈设铜香炉，左右陈设白色魫灯，最外侧各为铜花瓶，内插木灵芝。

神龛前西边设祝案一张，罩黄色桌衣，设祝版。神龛偏东侧馔桌一张，罩黄色桌衣。馔桌南侧设尊桌一张，罩黄色桌衣，设尊三件，罩布幂、锡酒勺。

东西配殿为祭祀十二月将神之处。建筑面积各为755平方米，面阔各十一间 55.56 米，进深三间 13.58 米，前出廊，仅明间置五阶台阶，南北两侧于廊步尽头置如意踏跺三级。悬山黑琉璃瓦屋面。东西配殿大木构架为早期特色，殿宇梁架每一结点的柱头直接承载大斗，斗正面出梁头，侧面出檩枋，柱间用额枋相连接，柱头有卷杀，柱有侧角。殿宇面阔十一间，各开四抹方格四扇格扇门。内檐彩画为雅伍墨旋子彩画，外檐及廊步彩画为墨线大点金旋子彩画，龙锦枋心。

1900 年 8 月"庚子之变"期间，美军第九营及第十四营占据先农坛作为兵营，太岁殿改为军队医院，拜殿作为军队仓库。

1912 年，民国内务部成立古物保存所，将原京城坛庙内的前清祭祀用品、器物等，统一存放在先农坛太岁殿及东、西配殿中。

1914 年，袁世凯政府选定先农坛太岁殿作为"中华民国忠烈祠"，祭奠黄花岗七十二烈士，后又增"自民国成立以来之革命烈士"，规定以后每年双十节政府派内务部官员到忠烈祠致祭。这一制度沿袭到"七七事变"。忠烈祠作为太岁殿的别名一直沿用到 20 世纪 60 年代。

1949 年 7 月育才学校进驻北京先农坛，先农坛内建筑逐渐为育才学校所用，学校将太岁殿门窗全部改为大方格式玻璃门窗，将太岁殿作为大礼堂，东西两侧配殿

民国初年的太岁殿

用作男生宿舍，拜殿成为中小学生食堂，院内北侧两角搭盖建筑作为宿舍，南侧两角搭盖建筑用作厨房。太岁殿后又被改为学校室内体育场，在其中存放了许多桌椅和体育器材。

北京古代建筑博物馆成立后，太岁殿建筑群腾退，经过抢救性大修后一直作为博物馆核心展厅使用。

二、焚帛炉

焚帛炉是一座仿木结构砖砌无梁建筑，为祭祀先农神、太岁神后焚烧祝帛祭文之用。焚帛炉西向，面阔 6.6 米，进深 3.74 米，黑琉璃瓦绿剪边，歇山屋面，须弥底座，正面设三个大小不同的拱券门（中门稍大），四角有圆形磨砖圆柱，柱上砖制额枋处雕刻明代旋子彩画，上置砖仿木五踩单翘单昂斗拱。

焚帛炉

第六节　神祇坛

神祇坛位于先农坛内坛之南，始建于明嘉靖九年（1530年），是祭祀风、云、雷、雨及岳、镇、海、渎等自然神祇的坛场，分别称为天神坛、地祇坛，合称神祇坛。

清光绪《清会典图》记载：天神地祇坛，正门三间，南向，四周环以围墙。东为天神坛，南向，方五丈，高四尺五寸五分，四出陛九级台阶。坛北侧有青白石石龛四座，奉云师、雨师、风师、雷师之神，均南向，高九尺二寸五分，石龛上刻有云纹。四周有矮墙长二十四丈，高五尺五寸。正南有三座棂星门，东、西、北各有一棂星门，门皆石质。西为地祇坛，北向，广十丈，纵六丈，高四尺，四出陛，每出陛六级台阶。坛南侧有青白石石龛五座，供奉五岳、五镇、五陵山、四海、四渎之祇，均北向，高八尺二寸，五岳、五镇、五陵山之神石龛刻有山形纹饰，四海、四渎之神石龛刻有水形纹饰。东侧青白石龛两座，奉京畿名山、京畿大川，西向。

神祇坛门

西设青白石龛二座，奉天下名山、天下大川，东向，均高七尺七寸。各刻有山形纹饰和水形纹饰。四周矮墙周长二十四丈，高五尺五寸。正北有三座棂星门，东、西、南各一座，门皆为石质。

从殷商时代起，就已经有祈雨（止雨）的相关祭祀活动。殷墟的卜辞中，也有不少关于祭祀云神的记载。如"燎于帝云"，"燎于云"等。秦时，祭祀风伯就已被纳入国家祀典。《隋书·礼仪志》："晋元帝建武元年，每以仲春、仲秋并令郡国、县兼祀风伯雨师。"隋制，"国城东北七里通化门外为风师坛，祀以立春后丑。国城西南八里金光门外为雨师坛，祀以立夏后申。坛皆三尺，牲以一少牢。"风云雷雨作为郊祀对象，历代都有相应完整的祭祀礼仪，且历代祭祀天神的坛制也有相应规制。唐代文献就记载：风师坛，坛制为圆坛，高三尺，周回二十三步（唐代一步为 1.514 米）。雨师坛，坛制为圆坛，高三尺，周回六十步。坛上设雨师座、雷神座。

对山岳海渎的崇拜祭祀，实际上是向天下宣示政治意图和国家政权四至的象征。随着历史的演进，山岳发展成"五岳五镇"及代表帝王追溯先祖陵寝的"五

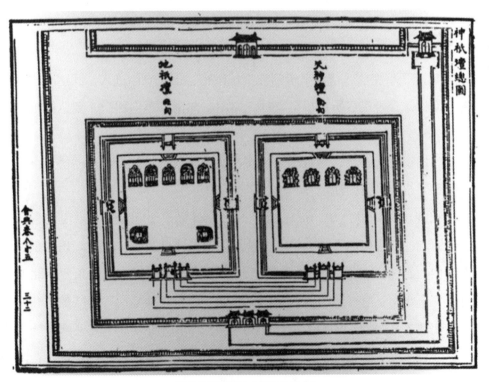

神祇坛平面图（《明会典》）

山"概念。《礼记·王制》记载："天子祭天下名山大川，五岳视三公，四渎视诸侯，诸侯祭名山大川之在其地者。"秦始皇时确定了以嵩山、恒山、泰山、会稽山、湘山（位于今湖南长沙）为代表的若干座名山；两条大川，即淮水、济水。一年要举行对山川神的祭祀活动。汉宣帝神爵元年（前61年），确立了岳渎祭祀的常祀制度。隋代进一步规范了之前历代的岳渎祭祀礼仪。唐朝时已有完整祭祀礼仪流程的记录。统治者不断给岳镇海渎之神赐加封号，等级不断提高。宋代更为五岳加上了帝号。

明初，天神地祇没有专祀的场所，除了与太岁神合祀于山川坛正殿外，在后来天坛的前身大祀坛内，也用天神、地祇、太岁等配祀皇天上帝。永乐帝迁都后在北京建山川坛，"位置、陈设悉如南京旧制，惟正殿钟山之右增祀天寿山神"（《明会典》卷85）。明嘉靖九年（1530年），始在山川坛（万历时改称先农坛）内坛南墙外建造天神地祇坛，"七月，乙亥，天神、地祇坛及神仓工成。升右道政何栋为太仆寺卿"（《明实录·世宗实录》卷128），并增加祖陵基运山、皇陵翊圣山、显陵纯德山神于地祇坛祭祀。同年十一月，嘉靖帝将山川坛更名神祇坛。明隆庆元年（1567年）因大臣上谏，废止了神祇坛之祀。清承明制，在沿用明代规制的同时，将地祇坛五陵山改为追溯清代祖先陵寝的启运山、昌瑞山、天柱山、隆业山、永宁山。

1900年庚子事变前，清代皇帝到神祇坛祭祀，由先农门进入，到达庆成宫前广场中央时南折，穿过庆成宫广场南墙的三座门，向南，再向西折，到达神祇门进入神祇坛。

神祇门现仅残存二门，神祇坛墙现仅在西城区教育学院西侧及"耕天下"小区东侧，保留下50米左右残墙。

天神坛现由中纪委使用。坛已无存，四方石龛于20世纪70年代被砸毁，当作废石料运走，仅存南墙上的三门六柱棂星门及一座焚帛炉。地祇坛现位于西城区教育学院内。石龛于2002年易地保护至北京古代建筑博物馆内，东西南北四座棂星门尚存（东西南三座一门二柱棂星门、北侧三门六柱棂星门，南棂星门在西城区教育学院南墙外）。地祇坛拜台20世纪70年代因原宣武教育学院整修操场之故被拆毁，部分石料埋于操场地下，尚存部分拜台台明条石等构件用作学校小花园地面铺路。

天神坛（民国）

地祇坛（民国）

神祇坛墙遗迹

地祇坛棂星门

天神坛棂星门

天神坛焚帛炉

易地保护的地祇坛石龛和地祇坛祭坛模拟景观

2002 年秋，北京古代建筑博物馆将地祇坛石龛易地于拜殿南侧空地保护，并在石龛前用种植灌木模拟表现出地祇坛拜台形态。同时，复原了地祇坛四座天下山川、京畿山川石龛，使地祇坛石龛这一组较为珍贵的明代文物得以与观众见面。

第七节　坛门坛墙

一、坛门

先农坛外坛墙（俗称坛墙）在规制上南、北、西三面无门，只在东墙设南北两门，即太岁门和先农门，皆三门，朱扉金钉，覆以绿剪边黑瓦：南为先农门，位临永定门内大街西侧路，是先农坛正门，祭祀先农神、皇帝亲耕耤田时走此门；北为太岁门，位于南纬路与新农街交会路口处，为祭祀太岁神、十二月将神和天神地祇（1900 年庚子事变后，祭祀天神地祇出入太岁门）进出之门。两门相距 200 米。

北京先农坛正门——先农门

北内坛门

西内坛门

内坛设东、南、西、北四座门，形制一致，皆为明代砖仿木拱券门，东西长22.64 米、南北宽 6.7 米、高 13 米，设拱门三洞。屋面为歇山顶，黑琉璃瓦绿剪边，三踩单昂砖制斗拱，砖制额枋绘有清代早期旋子彩画。柱头有砍杀。东、南、西三座坛门现位于北京育才学校内，东门、西门长年关闭，南门用于学校人员通行，北门目前为北京古代建筑博物馆与北京育才学校进出坛区共用。

明清时为了坛内祭祀活动的方便，在先农坛内外坛墙上设有随墙门。外坛墙现存两门，一处位于东外坛墙南侧，斜对复建的永定门城楼。另一处位于南外坛墙东侧，在北京先农坛体育场大门以西。两门经修缮后宽约 4.15 米，高约 3.6 米，顶端设有横木，两侧墙体有转角石。现两门均设置铁门，长年关闭。在东外坛墙随墙门南侧还有一处疑似随墙门，现已用砖封堵，上端设有横木，但并未设置转角石。宰牲亭西侧内坛墙上有一处随墙门，宽约 2.45 米，高约 2.3 米，顶端有横木，原为开启，现用砖封砌。

二、坛墙

清乾隆十八年（1753 年）大修之后北京先农坛：坛区形状为北圆南方，有内外两层坛墙，外坛围墙全长 1368 丈（据清乾隆《工部则例》，约合今 4377.6 米），南北 1424 米，东西 700 米。结合今天城市街道情况，即：北墙达西城区永安路，西墙在西城区太平街一线，南墙墙体在南护城河滨河路以北（尚残存大部），东墙即永定门内大街路西一线。先农坛主体建筑分布在内坛墙之内。内坛墙长方形，南北 484 米，东西 326 米。现保留完整的内坛墙为乾隆年间砌筑砖墙，墙体内层为明代夯筑土墙，用城砖淌白糙砌，墙顶置木椽望板，上盖筒板瓦。

民国时，居民和商人往往在坛墙下取土，先农坛坛墙多有倾圮塌毁之事，警察局及坛庙管理处虽曾多有禁止，但坛墙之毁终不能扼制。民国二年（1913 年）元旦，先农坛免费向全市民众开放 10 天。当时的管理部门在北外坛墙上开一门，以方便民众进出参观。民国十五年（1926 年），内务部拍卖坛内空地，先农坛外坛墙逐渐消失，坛墙内外逐渐为社会底层的百姓居住。民国二十四年（1935 年），由福隆郭记木厂修补先农坛西侧墙坍塌各段。这是先农坛在民国时期得到的唯一一次修缮，共花费大洋 1240 元。

近代以来，先农坛文物建筑周围添建大量房屋，环境改观极大。而且，在添建房屋过程中对原有建筑造成了很大的伤害。不仅如此，文物建筑本身由于长年得不到有效的保护和维修，已破旧不堪，亟待修缮。

2003 年为配合市政府"改造中轴线，亮出坛墙"的工程，对外坛东墙、南墙

修缮后的东外坛墙

北内坛墙遗迹

修缮后的南外坛墙和随墙门

进行修缮复原。原坛墙高约 5.3 米，泼灰加少量黄土合成糙砌的"一顺一丁"城砖，收分为 8.7%，阴阳合瓦带正脊瓦面。外坛东墙全长约为 902 米，此次修缮了东外坛墙偏北侧约 280 米长的坛墙。外坛南墙全长 300 米，本次修缮的南外坛墙东段坛墙长 63.26 米。

据《乾隆京城全图》，先农门外南北两侧曾各设值房一处。北京市文物局、北京市规划局、先农坛体育场共同确定值房的平面位置，复建后仍为先农门南北各一。

第八节　已消失的建筑

一、旗纛庙

先农坛旗纛庙是明清两代祭祀刀枪、弓弩、炮铳，及军旗号角等军事用品"旗纛之神"的场所之一。《天府广记》卷 8 载"旗纛庙建于太岁殿之东，永乐建，规制如南京。"永乐皇帝营建北京，"悉仿南京旧制"。清《工部则例》记载，"旗纛殿五间，南向。后为祭器库五间，左、右庑各五间，垣一重，门三间，南向。"

清乾隆十八年（1753 年），乾隆帝认为弓弩炮石号角旗纛等神已于每年秋季在军校场致祭，没有必要在先农坛旗纛庙再祭一次。因此颁旨："先农坛旧有旗纛庙可撤去，将神仓移建于此。"（光绪《清会典事例》卷 865）拆除旗纛庙前院旗纛殿和燎炉，而后院建筑未动，将东侧神仓整体移建于此。

二、祠祭署

明永乐十八年（1420 年）北京山川坛落成后，沿袭南京的规制，仍然将山川坛的管理机构称为"耤田祠祭署"，又称"山川坛祠祭署"。明嘉靖十年（1531 年），嘉靖帝为了建天神地祇坛，又将"山川坛祠祭署"更名为"神祇坛祠祭署"。《明会典》卷 92 载，万历四年（1576 年）正式更名为先农坛祠祭署：

万历四年，改铸神祇坛祠祭署印，为先农坛祠祭署印。

明代，先农坛祠祭署归属太常寺，管理坛内耕种坛地的坛户，照料耤田，待收获后组织人力脱粒归仓。清乾隆十八年（1753年）以后，护坛地停止耕作改为植树，先农坛祠祭署于是改为照看树木、建筑，其他职能未有变化。

按照清乾隆十五年（1750年）《乾隆京城全图》中绘制的先农坛祠祭署，坐落在内坛墙内东北角，是一座坐北朝南的院落，分前后两进，第一进院空置，第二进院分东西两部分，西部是主院，东部是一跨院，跨院空置。主院正向、倒座房各一座，正向建筑为五开间，倒座三开间，东西各为一座三开间厢房（光绪《清会典》中主院与跨院之间的隔墙拆除，主院与跨院合为一体）。

民国时期（20世纪20年代末），这里曾作为"交通队"使用。1930年—1940年间，作为京城外五区派出所。20世纪60年代祠祭署建筑被拆毁无存。

三、仪门

明洪武九年（1376年），朱元璋在南京将先农坛纳入山川坛范围，并建仪门，皇帝在此观看王公及应天府尹、县令、耆老庶人等终亩。永乐帝朱棣迁都北京，仿照南京旧制复建北京山川坛。此后的一百多年内，明代皇帝坐在仪门处的御位观耕。明嘉靖十年（1531年），大臣建议"其御门观耕，地位卑下，议建观耕台一"（《明史·志第二十五·礼三》），因此决定每年举行耕耤典礼前，由人工用木材临时搭建观耕台。清乾隆十九年（1754年），乾隆帝下旨拆除了仪门。

四、钟楼、鼓楼

明代，庆成宫作为皇帝斋宫，宫南曾建有钟楼和鼓楼。

钟楼位于庆成宫正门外广场东南角，鼓楼位于西南角（见雍正《清会典》），两座建筑外围分别建有各自的围墙。清乾隆二十年（1755年）后，钟、鼓楼建筑外围墙及鼓楼拆除，只剩钟楼。

20世纪50年代，因当时北京先农坛体育场要使用钟楼所在区域作为体育场地，遂拆除钟楼。

五、辇房

据《乾隆京城全图》记载，清乾隆十五年（1750 年）时，在庆成宫院落西北角有辇房一座，用来放置皇帝御辇，呈五开间殿式，有外围墙。乾隆二十年（1755 年），辇房外围墙被拆除。辇房在民国初年亦已无存。

六、雩坛门

根据清代"庚子之变"后的图形资料显示，在神祇坛北坛墙正对内坛南门的地方有"雩坛"门一座。但是在光绪《清会典》中该门没有被标示，仅见于 1900 年庚子国难以后的地图上。根据调查了解到，雩坛门为石门额单孔大门，上覆筒瓦，正脊两侧有吻兽。该门在 20 世纪六七十年代时期被拆除，位置相当于现在育才学校南门处。

七、山川井

明清时，宰牲亭南侧有山川井一口，是承接天露之水、盥手用水、清洗牺牲之水的取水处。民国时无存。

八、瘗坎

先农神坛东南和地祇坛西北皆设瘗池，也称瘗坎，是掩埋祭祀用毛血、馔等礼神物品之处。民国时无存。

第二章

坛 区

北京先农坛古坛区的变化，大体可分为 1911 年辛亥革命之前、之后两个阶段：

1911 年以前，北京先农坛作为坛庙正常使用，坛区完整。

1911 年辛亥革命后，全坛进入一个新的历史时期，北部坛区被逐渐蚕食分割，最终成为城区，而南部坛区作为公园逐渐荒废。

民国初期的 10 年，先是成立先农坛公园、城南公园，坛内添建几处新式建筑，并举办了许多文化娱乐活动。特别是在坛区的东南部，民国初年就已被用作运动场（先农坛体育场前身），成为北京最早的国民体育健身的场所。民国十年（1921 年）至二十年（1931 年）间，北部坛区的围墙被逐步拆除，原本在坛外谋生的贫民，进入坛区的北部，形成了老天桥市场，并出现了南北向和东西向的街道，形成了后来街区的雏形。20 世纪 30 年代，先农坛南部区域虽然已作为城南公园开放，但公园内的多处房屋设施逐渐被分割出租，以赚取租金维持公园运作。抗战时期公园勉强维持开放。1949 年北平和平解放时，公园破败不堪，几近荒废。

1949 年 7 月，随着延安保育院的进驻，借用先农坛作为校舍。1950 年 9 月，公园事实上的管理机构管理坛庙事务所被撤销，坛内文物器具移交新成立的天坛公园管理处。

1952 年，天坛公园管理处在北京市政府协调下，与育才学校签订合同，将先农坛古坛区（不含庆成宫、神仓）正式移交育才学校。直到 1988 年秋，先农坛古坛区一直被作为育才学校校区使用。20 世纪六七十年代，文物古建和管理坛庙事务所撤销时遗留的可移动文物遭到不同程度的毁坏、遗失。内坛之南的天神地祇坛在 20 世纪六七十年代，因所有权混乱（育才学校转让了天神地祇坛的所有权），古建筑和文物遭到毁灭性破坏。其中，以天神坛最为严重，仅留下棂星门一座和焚帛炉一处。中央单位的进驻，更增加了恢复该区域历史原貌的困难。

第一节　1988年以前的坛区

一、明清和民国时期

（一）明清时期的先农坛

明永乐十八年（1420年），"建坛京师，如南京制"，在北京城南门正阳门外建山川坛，建筑布局与南京相同，设管理机构耤田祠祭署（亦称山川坛祠祭署），设丞及办事员，隶属太常寺。

明天顺二年（1458年），在东侧内外坛之间建斋宫。

明嘉靖九年（1530年），山川坛更名为神祇坛。

明嘉靖十年（1531年），将风云雷雨、岳镇海渎另行辟建天神坛、地祇坛祭祀，合称神祇坛。

明万历四年（1576年），更名为先农坛，改耤田祠祭署为先农坛祠祭署。

清顺治十一年（1654年），恢复先农之祭、亲耕耤田。

清乾隆十八年（1753年），乾隆帝下令开始大修先农坛：修葺全坛建筑，重绘彩画，更换"乾隆年制"款瓦件，拆除旗纛庙，移建神仓，观耕台改用砖石制造，改建斋宫宫墙，拆除斋宫西南角鼓楼，将斋宫改称庆成宫。

先农坛原有坛户农民常年耕作，种植五谷蔬菜，以供祭祀及变卖为银两补做日常坛场修缮之用。乾隆帝修缮先农坛时期，强调重神、诚敬，因此撤除坛户，取消了坛地的耕种。乾隆十九年（1754年），坛内移植、栽种大量松柏榆槐，用以增加坛内幽静、肃穆气氛，使坛区环境与这里祭祀诸神祇的使用要求更加吻合。

1900年庚子之变后，神祇坛辟建北门，门额曰：雩坛。辟建原因不详。

（二）民国时期的先农坛外坛

民国三年（1914年）底至民国四年（1915年）初，外坛北部由商人承租，开辟"城南游艺园"，也称"城南游艺场"。园内设有茶社、饭馆、戏楼、酒肆、杂货摊、跑马场、露天电影院、保龄球馆、旱冰场等，成为北京南城平民游乐的重要去处。这一时期平民商业文化进入先农坛北外坛，北外坛墙和东北外坛墙内陆续开设了不少酒馆、茶馆、杂货摊等，渐渐形成天桥市场，成为南城社会底层人民的营生场所。

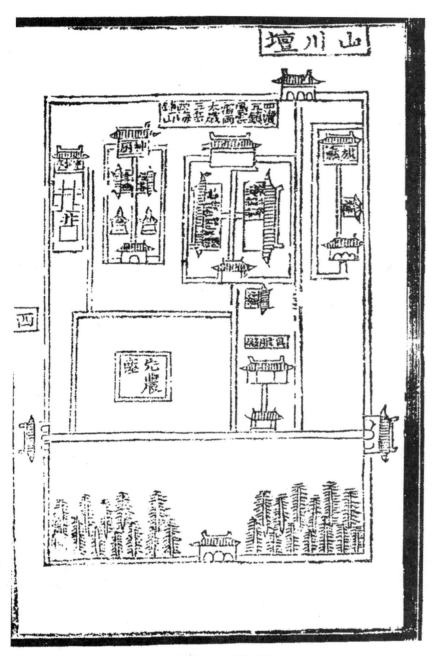

明初南京山川坛全图

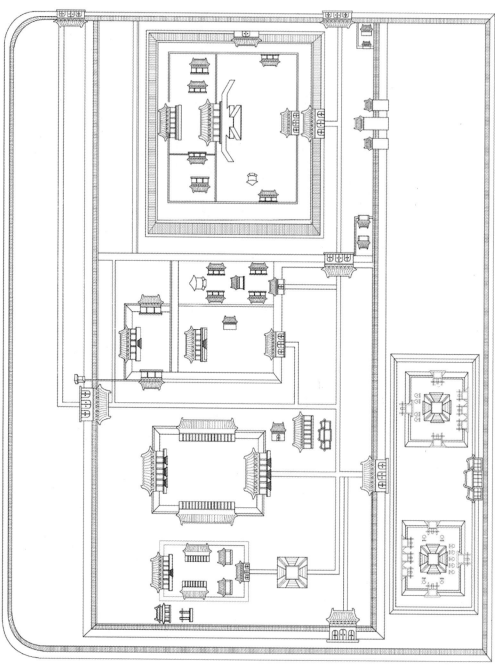

清初先农坛全图

民国初年先农坛的记载

先农坛东北外坛墙外侧，因地势低洼，雨季积水严重，民国六年（1917 年）士绅卜荷泉组织力量整治此地，辟建一亭，名曰"水心亭"，置商业买卖于此。亭南植稻、莲花，亭北西东三面环有三个木栅水门，舟船可通行，有警察把守售票入亭。亭东岸是茶棚饭肆，至夏季游人多会集于此品茶。水心亭一度成为与什刹海齐名的消夏之处。外坛东南墙外则成为行刑场的所在。

民国八年（1919 年）夏，由京都市政公所出面，在今北纬路中学北门附近招商建欧式四面钟一座，成为坛内继观耕亭后又一新景致，"成为五陵年少闻香逐臭之处"。作为外坛门之一的太岁门，因附近兴建市场和改善交通之故，在民国六年至八年（1917 年—1919 年）期间被拆除。

民国十四年至十五年（1925 年—1926 年），内务部逐步拆去北面的外坛墙。随之，大量居民移驻北外坛。由此，北外坛也日渐成为市区的一部分。以后，在原坛墙东北区域，先后出现先农市场、城南商场、惠元市场、天丰市场等，出现名为"福长街"的街道，西部出现以东经、西经、"福禄寿喜"的"禄、寿"两字命名的街巷。至此，城南公园实际范围仅限于内坛及外坛南部，这段时期的变化直接影响到其后的布局。民国十八年（1929 年），北京先农坛外坛墙除局部外尽数拆除。外

民国先农坛的新建筑之———四面钟

坛区逐渐变为杂居地。北外坛修建了一座清真寺。

民国十八年（1929 年）城南游艺园出现大罢工，经营陷入困境。民国十九年（1930 年）游艺园停办。

民国十三年至十四年（1924 年—1925 年）间，庆成宫三座门以南的大片空地被改为公共体育场。民国二十三年（1934 年），在庆成宫南公共体育场举办了北平市春季运动会。

民国二十四年（1935 年），北平第四任市长袁良，决定在先农坛东坛修建北平市公共体育场，并定名"北平公共体育场"。民国二十五年（1936 年）春，体育场正式奠基，次年竣工。1937 年 4 月，市长秦德纯题"北平公共体育场"奠基石铭。1938 年春，由"北平市政府教育局"批准，委派焦嘉浩为场长，周炳麟为管理员进驻场内办公。同年 4 月，在先农坛东门外悬挂"先农坛公共体育场"的匾额。1940 年春，日伪华北运输公司占用了先农坛体育场大部分面积囤积粮食，并在东大门设有门卫，因之，来场活动的单位和个人经常受到阻拦，体育场难以发挥民众锻炼的作用。内战期间，先农坛体育场被国民党军队辎汽二十二团占据，运动场地被毁。

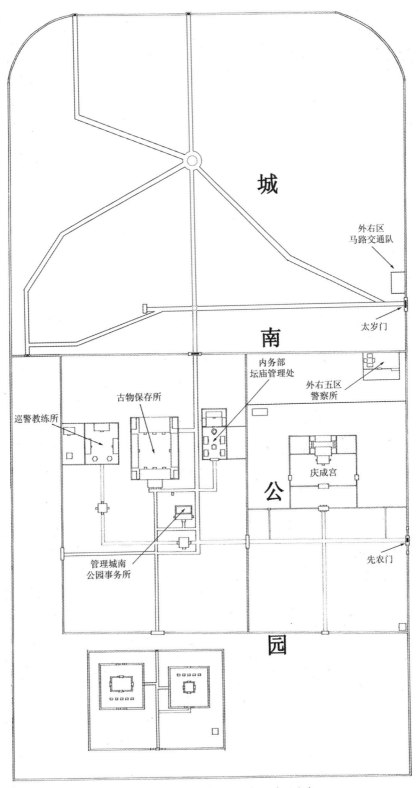

城

外右区
马路交通队

太岁门

南

内务部
坛庙管理处

古物保存所

外右五区
警察所

巡警教练所

庆成宫

公

管理城南
公园事务所

先农门

园

20 世纪 20 年代的先农坛全图（示意）

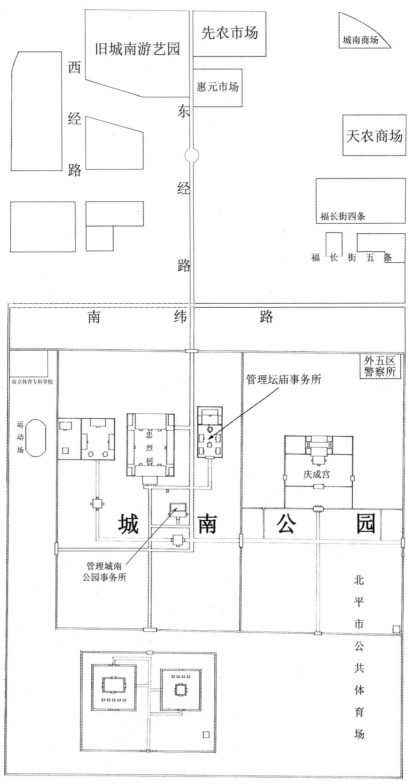

20世纪30年代的先农坛全图（示意）

抗战期间，日军将先农坛内坛西侧原体育专科学校及以北空地作为汽车修理厂。内战时期，国民党军队接管日军遗产，该处又成为国民党北平驻军联勤总部汽车修理厂。厂区范围包括：先农坛西内外坛之间空地，向北一直到近北纬路一带，再向东至东经路一带，再折向南，至南纬路。

（三）民国时期的先农坛内坛及庆成宫

民国元年（1912 年），民国内务府成立古物保存所，全权处理坛庙事务。将原京城坛庙内的祀用品、器物统一存放在先农坛太岁殿及东、西配殿中。民国二年（1913 年）元旦，向全市民众免费开放 10 天。由于民众对外城皇家禁苑开放的要求空前高涨，民国四年（1915 年），先农坛被民国政府辟为"北京先农坛公园"。为了进出方便，内务部在北外坛墙面对香厂处和今东经路与永安路交会处各辟便门，马车、人力车都可直抵内坛。民国六年（1917 年），民国内务部与督办京都市政公所（即市政府）协商后，将北外坛另辟公园，命名"城南公园"。民国七年（1918 年）5 月，民国内务部又将先农坛的南北两公园合并，统一称作"城南公园"，但事实上的城南公园范围仅局限于先农坛内坛及神祇坛，一直延续到 1949 年。

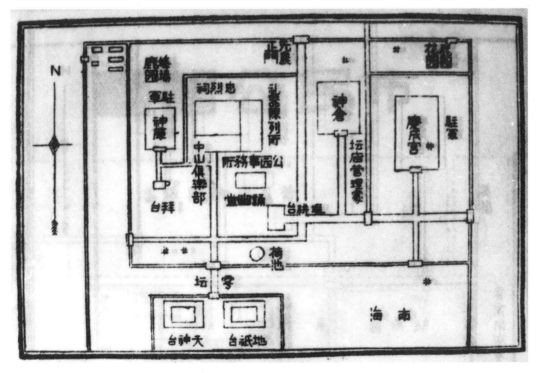

20 世纪 20 年代作为公园的先农坛平面图

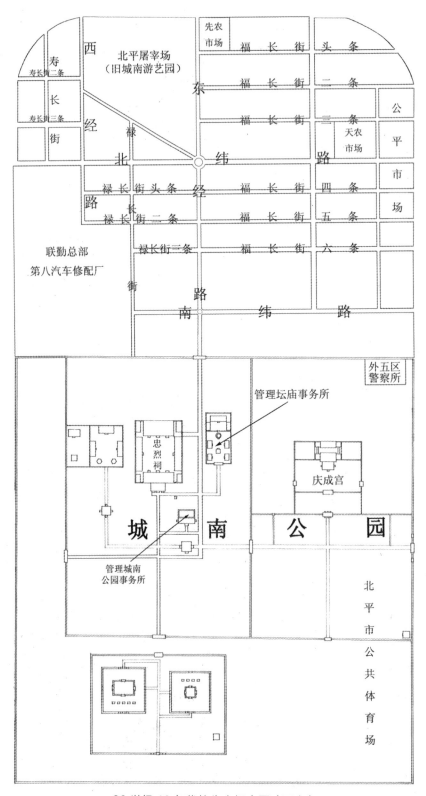

20世纪40年代的先农坛全图（示意）

民国九年至十年（1920 年—1921 年）间，京都市警察厅借北京先农坛之地，在太岁殿西北及神厨院落开设警察训练所，太岁殿西庑也一度作为训练所使用。同时，京都保安警察第二队驻此，一直到北伐战争（1927 年）结束。民国十三年至十四年（1924 年—1925 年）间，北洋军驻扎庆成宫。民国十四年（1925 年），北洋军阀一度进驻太岁殿院落。孙中山先生逝世后，观耕台西建立了中山俱乐部。民国十六年（1927 年），具服殿改为"诵豳堂"，以纪念古人重农从本的思想。民国十七年（1928 年），内务部礼俗司坛庙管理处正式称为管理坛庙事务所。该所由于经费紧张，内坛空地开始大量出租，如原鹿囿、神厨、神祇坛、耤田址，以及坛庙所东部的狭小空地，均用来办鹿场、蜂场、兔场，或种菜蔬等。北伐战争结束后，南京政府内政部接管坛庙事务所。

民国十九年（1930 年），首届植树节典礼在北京先农坛内举办。民国十九年至二十年（1930 年—1931 年）间，东北驻军之一部暂时进驻北京先农坛。"九一八"事变后，国民军一〇五师长驻北京先农坛，占太岁殿院落及庆成宫为军营。民国二十年至二十二年（1931 年—1933 年），时有学校团体借北京先农坛举办游艺会，义演募捐。民国二十四年（1935 年），观耕亭、四面钟因坍塌，一并被拆去。同年，南京政府内政部决定，将管理坛庙事务所划归北平市管辖。根据先农坛的情形，北平市公务局文物管理实施事务处组织了第一次修缮，并修补了西面坛墙坍塌部分。民国二十五年（1936 年），驻军将具服殿改为司令部。

抗战时期，城南公园虽然继续开放，但游人稀少。内坛大部分为日军使用，日军在内坛西墙处营建一座西式二层小楼。庆成宫被用作日军卫生试验所。

民国三十四年（1945 年）抗战胜利后，旧都文物整理委员会曾计划整修先农坛，后因资金问题搁浅，城南公园更加破落。

民国三十五年（1946 年），庆成宫开始作为国民党医学机构中央卫生实验院北平分院驻地使用。

民国三十八年（1949 年）北平和平解放，华北育才小学（延安保育院小学）按照中共中央华北局第一书记薄一波同志的指示，于同年 8 月与华北大学分部一同进入城南公园，借用先农坛内坛和神祇坛作为校区。

二、1949 年至 1987 年

（一）先农坛北部坛区

1949 年新中国成立后，由于北京先农坛北外坛，在民国时期形成的格局已经定型，这里业已成为市区一部分，便又陆续建立了友谊医院、北纬饭店、潇湘大厦、天桥剧场等服务于市民的设施。天桥地区经过改造，也形成几处规模不等的演出剧场和影剧院。

这里择要简述几家重点单位。

首都医科大学附属北京友谊医院

位于永安路 95 号，始建于 1952 年。医院原名北京苏联红十字医院，是新中国成立后，在苏联政府和苏联红十字会援助下，由党和政府建立的第一所大型医院。其建立初期位于鼓楼西大街甘水桥 23 号院（现 113 号）。1954 年 2 月 16 日，北京苏联红十字医院新楼在城南游艺园旧址上建成，即现在医院所在西院区，毛泽东同志亲笔题写院名"北京苏联红十字医院"。1957 年 3 月 12 日，苏联政府将医院正式移交我国政府，周恩来总理亲自参加移交仪式，并改名为"北京中苏友谊医院"。1958 年，在主楼东西两侧分别新建儿科大楼及妇产科大楼，并沿用至今。自 1966 年 5 月开始，医院一度被改名为"北京反修医院"。1970 年春，周总理亲自为医院命名为"北京友谊医院"。

北京天桥医院

位于北纬路 11 号。医院成立于 1955 年 12 月，原名天桥联合诊所。1960 年由天桥公平市场保健站、板章路保健站、天桥口腔保健站、天桥妇幼保健站、天桥妇科诊所组建天桥居民医院。1968 年 9 月，更名为天桥医院。1970 年天桥医院进行改扩建，于 1975 年竣工。

天桥剧场

位于北纬路 30 号。天桥剧场始建于 1953 年，是新中国成立后的第一家大型剧院。

中共西城区委天桥街道工作委员会

位于北纬路 9 号。委员会建立于 1958 年 9 月。1960 年 4 月中共天桥街道党委改为中共天桥人民公社委员会，为政社合一的组织机构。1966 年后，原党委工作机构被撤销，成立天桥街道革命委员会，为党政合一的组织机构。1970 年 12 月，中共天桥街道委员会被重新组建，未单独设立工作机构，与街道革命委员会实行党政合一的"一元化"领导。1978 年初，天桥街道革命委员会被撤销，改为党政企合一的天桥街道办事处。1979 年 7 月，中共天桥街道委员会、天桥街道办事处、天桥生产服务合作联社组织机构分开。

天桥街道办事处

位于北纬路 9 号。办事处始建于 1954 年。1949 年 4 月，按照中共北平市委的指示，废除保甲制度，建立街政府。同年 7 月，街政府被撤销。9 月，北平市改为北京市，天桥地区隶属北京市第十二区。1954 年宣武区始建街道办事处，天桥地区设立天桥、鹞儿胡同、福长街三条和虎坊路四个街道办事处。1958 年 9 月，天桥、鹞儿胡同、福长街三条和虎坊路街道办事处合并组建为天桥街道办事处。1960 年 4 月，成立政社合一的天桥人民公社。1962 年 2 月，政社分开，恢复街道办事处。1966 年办事处工作陷于瘫痪。1968 年 3 月，成立天桥街道革命委员会，为党政合一的办事机构。1978 年 8 月，天桥街道革命委员会被撤销，改为党政合一的天桥街道办事处。1979 年 7 月，街道生产服务合作联社成立。同月，中共天桥街道委员会、天桥街道办事处、天桥生产服务合作联社组织机构分开。

中国疾病预防控制中心

位于南纬路 27 号。疾控中心前身为中央卫生研究院。1956 年中央卫生研究院与北京协和医学院合并，改名为中国医学科学院，并筹建劳动卫生室。卫生工程学系改名环境卫生和环境工程研究室。细菌研究室合并到营养学系，改名为营养与食品卫生研究室，三室合并组建成中国医学科学院卫生研究所。20 世纪六七十年代，中国医学科学院卫生研究所解体，下属三个研究室分别升为劳动卫生与职业病研究所、环境卫生与卫生工程研究所、营养与食品卫生研究所，后又成立卫生部食品卫生监督检验所和环境卫生监测所。1983 年中国医学科学院五个研究所和卫生部，直属工业卫生实验所组成中国预防医学中心，1986 年改名为中国预防医学科学院，后工业卫生实验所复归卫生部直接领导。

东经路消防中队

位于东经路 13 号。消防中队成立于 1953 年，最早位于现禄长街 12 号东侧。1983 年前，名为北京市公安局消防处东经路消防中队。1983 年，中央决定组建武警部队，消防部队入武警序列，更名为武警北京市总队消防处东经路中队。

天桥派出所

位于福长街48号。派出所成立于1949年2月。1958年10月，原天桥、鹞儿胡同派出所与虎坊路派出所部分地区组建天桥派出所，驻福长街五条5号。

北纬饭店

位于西经路11号。1954年8月，北京北纬饭店成立，宗旨是为中央服务，为政治服务，为人民生活服务。1985年，北纬饭店利用外资扩建新楼，合资公司定名为北纬三宝乐有限责任公司，新楼位于原北纬饭店北侧。

（二）先农坛南部坛区

新中国成立后，北京先农坛内坛成为北京育才学校校区，其间的主要古建筑成为学生宿舍、会议室、图书馆、校办工厂等。20世纪六七十年代又有部分工厂迁入，原来完整的古坛区被人为地分割成若干个单位。部分古建文物被拆毁、丢弃甚至遗失，但坛区内的主体建筑群尚存。

1978年8月，先农坛被北京市政府列为第二批市级文物保护单位。

1980年，育才学校向文物部门提出申请维修太岁殿等古建筑。1981年4月，中国人民政治协商会议全国委员会第8期《简报》发表"呼吁抢救先农坛内坛"的文章，引起社会对先农坛文物保护工作的重视。1985年6月，全国政协文化组与北京市政协文化组成立文物保护联合调查组，对先农坛等文物古迹进行调研，提交了"关于先农坛、卢沟桥、宛平城文物古迹保护的意见和建议"。同年，北京市文物局上报市政府批准，决定对太岁殿院落进行修缮。1986年6月，北京市政府针对现存状况对先农坛提出了文化教育并存的方向，开始了对先农坛的保护维修工作，腾退占用太岁殿的育才学校礼堂、东西配殿的中学男生宿舍以及拜殿的集体食堂。

这里择要简述几家重点单位。

育才学校

位于东经路21号，北京先农坛内坛（不含神仓）及神祇坛。1949年1月平津战役结束，北平和平解放。经中共华北局指示，于同年6至7月间，华北育才小学（始建于延安的保育院小学，后由几所学校合并）全校四百余人先后两批进入北平。后经华北局第一书记薄一波批准，于8月中旬搬入先农坛内。1950年秋，校名改为

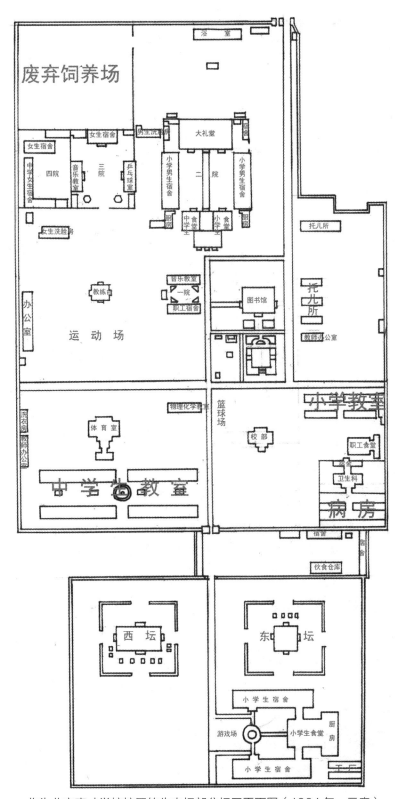

作为北京育才学校校区的先农坛部分坛区平面图（1964 年，示意）

"北京育才小学",由中央教育局直接领导。初期,学校借用原城南公园内房屋(也有自己营建的校舍)作为临时校址。1952年秋,在北京市政府主持下,与天坛公园管理处正式签署文件,接收先农坛内坛(不含神仓)和神祇坛区域,正式作为学校使用。1956年增办初中,校名改为"北京育才学校";1971年又增办高中。自此以后至20世纪六七十年代,学校利用坛内空地建了不少教室、宿舍;将太岁殿改为礼堂;东西配殿改为中学男生宿舍;拜殿改为集体食堂;神厨院落改为中学女生宿舍;具服殿改为学校图书馆;先农神坛改为领操台,坛前空地改为操场;神祇坛空地改为小学部男女生宿舍区、活动区。

20世纪六七十年代,地祇神坛被拆毁,壝墙拆除,明代祭祀岳镇海渎的五座石龛被水泥封砌,天下山川、京畿山川的四座石龛被砸成碎石块,四座棂星门有不同程度的损毁;天神坛成为北京胶印二厂,天神坛被拆毁,壝墙拆除,风云雷雨四座石龛被砸碎,除南棂星门外,其余棂星门被拆毁。

这一时期内坛古建筑的使用,也发生了变化:太岁殿成为室内体育教室,建领操台,天气不佳时,学生在室内运动,铅球、铁饼、手榴弹等伤害古建的运动器材随意在太岁殿内使用。神厨建筑群成为育才学校"五七工厂",后改名"校办工厂"。在古建筑内设置液压机床等震动剧烈的机器设备,威胁着古建筑的安全。一些社会工厂也进入坛区,占据古建筑作为车间。坛区一片混乱。

北京先农坛在1950年原坛庙事务管理所撤销时留下的可移动历史文物——匾额、祭祀五供座、太岁神木龛等,在20世纪六七十年代丢失。

1987年开始,学校陆续将占用的先农坛古建筑交还文物管理部门。

先农坛体育场

位于先农坛路11号,北京先农坛庆成宫南部区域。新中国成立后,中共中央号召全国人民开展体育运动,毛主席亲笔题写了"发展体育运动,增强人民体质"的口号。北京市政府为了解决市民体育锻炼的场地问题,先后于1952年和1956年两次拨款,重修和扩建了体育场。1956年,在贺龙同志的直接关怀下,先农坛体育场建成了灯光足球场。1959年,又从北戴河运来了绿草,把主场改成了草皮场。1961年,先农坛体育场内又建起了训练馆和运动员教学宿舍大楼。

20世纪70年代,先农坛体育场停用。80年代,这里成为北京市一般性群众的运动场所和体育比赛场所。

燕京汽车厂

位于北京先农坛西侧内外坛墙之间及外坛西部偏北。1950 年 2 月，将原国民党联勤总部汽车厂改为中国人民解放军第三四零一工厂。这是新中国成立时，中央人民政府人民革命军事委员会办公厅在首都最早成立的为军委各总部、各军兵种机关服务的汽车修理工厂。1952 年，该厂迁至太平街 8 号。20 世纪 80 年代，在军转民大潮下改制为北京燕京汽车厂。

中国医学科学院药物研究所

位于南纬路甲 2 号，北京先农坛庆成宫及其以北区域。该研究所成立于 1958 年，由当时中央卫生研究院的药用学系组建而成，现隶属于中国医学科学院北京协和医学院。中央卫生研究院前身可追溯至 1941 年 4 月在重庆歌乐山成立的中央卫生实验院。1946 年 8 月 1 日组建中央卫生实验院北平分院。1950 年南京的中央卫生实验院迁至北京，与北平分院合并，改名为中央卫生研究院，院址位于南纬路 2 号。全院共有 8 个研究单位，其中 6 个位于北京，即营养学系、微生物学系、卫生工程学系、药物学系、病理室及中国医药研究所；1 个位于南京，即中央卫生研究院华东分院；1 个位于海南岛，即海南岛疟疾研究站。1956 年中央卫生研究院与北京协和医学院合并，改名为中国医学科学院。1958 年，中国医学科学院药物研究所成立。

北京市第八十八中学

位于南纬路南巷 15 号，北京先农坛神厨、宰牲亭以北。民国时期，这里是先农坛的鹿圈。1959 年后，育才学校在此办起养猪场。1965 年北京市第八十八中学成立，随后此处成为八十八中学校舍所在地。

北京教育学院宣武分院

位于永定门西街甲 1 号，北京先农坛地祇坛旧址。学校前身为宣武区教师进修学校。1980 年 9 月迁入，更名为北京教育学院宣武分院。

陶然亭游泳场

位于太平街 12 号，北京先农坛外坛西南角。1956 年竣工，同年 8 月 24 日对社会开放。

先农坛体育运动技术学校

位于永定门西街 17 号，北京先农坛庆成宫南部区域。学校始建于 1956 年，前身为北京市体工大队，是中华人民共和国成立后创建最早的专门培养竞技体育人才的训练基地。

北京塑料模具厂

位于东经路 21 号，北京先农坛神仓。20 世纪 50 年代，天坛公园管理处将先农坛神仓单独划出，辟为幼儿园使用。20 世纪六七十年代幼儿园停办。随后，北京塑料模具厂进入先农坛神仓。起初从内坛北门东侧门洞进入神仓院，后改为从育才学校大门一侧进入。

先农坛北里

位于东经路 23 号，北京先农坛神仓之北及东侧与内坛墙之间的夹道。为了与育才学校分开，将北京先农坛内坛北门东侧门洞与其他门洞分开，中间以增建房舍为界，自成区域。

此处原为空地。20 世纪六七十年代，这一区域为天坛公园管理处占用，并营建几栋简易楼，作为天坛公园管理处宿舍及家属楼。20 世纪六七十年代，居民自称此处为"文胜楼"。1981 年更名为先农坛北里。但习惯上人们仍将这一区域称为"文胜楼"。

1979 年在此成立文胜楼居民委员会，1983 年更名为先农坛北里居民委员会。

1980 年，这一区域还迁入北京方便食品厂，隶属于北京市第一轻工业总公司，也是我国最早生产方便面的厂家之一，是 20 世纪 80 年代初北京唯一一家属于轻工系统的方便食品生产厂。在经历合资后企业经营不善，20 世纪 90 年代最终倒闭，只余留守处。

国家信访局来访接待司

位于永定门西街甲 1 号，北京先农坛地祇坛与内坛之间区域，对外称"中共中央办公厅、国务院办公厅人民来访接待室"。

北京市胶印二厂

原位于永定门内西街甲 2 号，北京先农坛天神坛旧址。成立于 1946 年。20 世纪六七十年代迁入。

北京玻璃四厂

原位于永定门内西街 3 号，北京先农坛地祇坛之南。

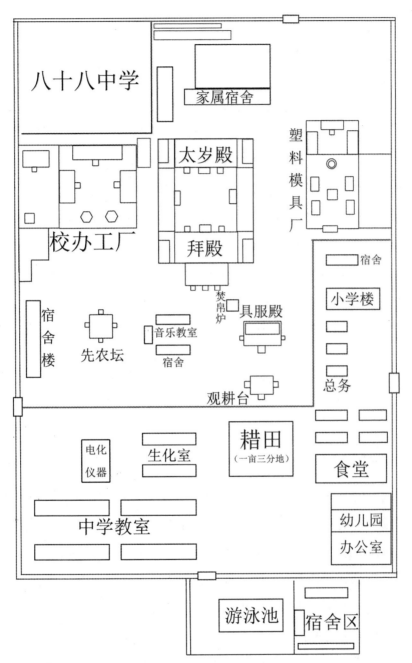

先农坛内坛区状态图（1990 年，示意）

第二节　1988年以后的坛区

一、北京古代建筑博物馆成立

1988年，北京市文物局宣布在先农坛太岁殿挂牌成立"北京古代建筑博物馆筹备处"，负责先农坛古建筑的逐步修复和收回，并得到著名建筑专家单士元、罗哲文、杜仙洲、张开济、马旭初、郑孝燮、吴良镛等人的大力支持。同年，北京文物保护设计研究所对太岁殿、东西两庑以及拜殿进行测绘。

1986年9月至1990年，北京市第二房屋修缮公司对先农坛太岁殿院落四座大殿进行修缮。

1990年，北京市政府第七次市长办公会议决定，育才学校的规划建设要与先农坛的文物保护结合起来，并确立"文教并存"的原则。太岁殿修缮完成后，北京古代建筑博物馆于1991年9月25日正式对外开放，并以先农坛古建筑为核心的北京古代建筑博物馆成为我国第一座以收藏、研究和展示中国古代建筑历史、建筑艺术、建筑技术的专题性博物馆。详见第三章。

二、北京古代建筑博物馆历年开展的坛区腾退工作

先农坛内坛历经600年风雨，五组建筑群：太岁殿院落、神厨院落、神仓院落、具服殿、庆成宫建筑群，两座坛台——观耕台和先农神坛，基本格局保留完整。北京古代建筑博物馆成立后，先农坛古建筑群经历了逐步得以腾退的过程。

1990年，北京市政府和宣武区政府为办好育才学校，决定对育才学校在先农坛坛区内进行全面改扩建。同年，市政府第七次市长办公会议决定，育才学校的规划建设要与先农坛的文物保护结合起来，并确立"文教并存"的原则。从筹备博物馆到北京古代建筑博物馆成立，中间虽已腾退了太岁殿院落，但育才学校仍占用先农坛内坛大部地区，其时神厨院落为学校校办工厂，具服殿为学校图书馆，先农神坛为领操台，坛前空地为操场。神仓院落被北京市塑料模具厂占用，庆成宫建筑群被中国科学医学院药物研究所占用。因此，北京古代建筑博物馆建立初期仅对太岁殿

院落进行了修缮，并于 1991 年对公众开放。

1993 年，北京古代建筑博物馆与占用神仓院落的北京市塑料模具厂达成腾退协议，同年 11 月博物馆营造设计部对神仓建筑群进行勘察设计。北京市文物古建工程公司于 1994 年 10 月正式开工修缮，1996 年 5 月全部修缮完工。修缮后的神仓院落由当时北京市文物局筹备新建的文物保护设计研究所（现北京古代建筑研究所）使用至今。

1996 年底，北京育才学校将观耕台及具服殿交付给文物管理部门。1997 年 4 月，北京市文物局启动两处文物建筑的维修工程，北京市文物古建工程公司承担施工，同年修缮工程完工，由北京古代建筑博物馆使用。

1996 年，博物馆营造设计部对神厨及宰牲亭院落进行实地勘察。该院落被北京育才学校校办工厂占用，由于不合理使用，导致院落西侧北段围墙无存，院内遍布窝棚，古建损毁严重，随时有倒塌危险。1998 年，北京育才学校校办工厂迁出，但院内居民尚未全部搬走。1999 年，北京市文物古建工程公司开始对该院落进行修缮，采用"修旧如旧"的原则，保留了明代彩画实物，2001 年完工。博物馆在修缮后的神厨正殿、东殿布设"北京先农坛历史文化展"，全面、系统地展示北京先农坛文化内涵。

2000 年，文物管理部门将一直作为民居使用的庆成宫古建群收回。庆成宫古建群长期被中国科学医学院药物研究所占用，被用作存放易燃药品仓库及家属居住地。但此次收回的仅为庆成宫内被占用的文物建筑，院内私搭乱建的房屋并不包括在内。2001 年，北京市文物古建工程公司对庆成宫文物建筑进行修缮。

至此，先农坛内坛主体建筑腾退工作基本完成，先农坛内坛基本格局恢复。2001 年 6 月 25 日，北京先农坛被公布为第五批全国重点文物保护单位。

先农坛内坛的环境治理工作，始于 1999 年对神厨院落的修缮工程。其后，文物部门加强了对先农坛的管理力度，逐步拆除先农坛内坛区影响文物建筑观感的私搭乱建房屋，并对坛内环境进行治理。位于先农坛内坛西北隅的先农神坛一直作为育才学校操场领操台使用，1999 年育才学校迁移校舍后对先农神坛进行抢救保护性修缮，拆除台面旗杆砌体及周边学校运动场构筑。先农坛西坛门得到保护性维修，拆除门内墙体。先农坛北坛门得到养护性维修，拆除了附于墙身的临时建筑。育才学校校舍迁移后，原在太岁殿与神厨院落前利用空地盖的教室、宿舍以及操场、操场主席台，因弃用而长满蒿草。相关部门将所有房屋拆除并有计划地种植草坪。具服殿与先农神坛间的空地上种植了灌木与草坪，用植被模拟恢复地祇坛景观，2002年将地祇坛石龛异地保护于此。国庆期间，北京先农坛整修一新，并以"先农坛古坛区"的名义重新向社会开放。

2004年，太岁殿以北房屋全部清除，用水泥仿古城砖做了地面铺装（博物馆现称北区）。以2005年、2006年为核心期，彻底拆迁原"文胜楼"区域内的居民危旧房，拆除10栋简易楼，拆迁居民342户、单位3个，拆迁房屋面积7456平方米。房屋拆除后，对这一区域近一公顷的面积进行环境绿化美化，2006年9月完成，新植乔木194株，花卉525平方米，草坪5500平方米。绿地内设"五谷园"，作为天桥街道举办"识五谷爱天桥"活动的场所，平时成为附近居民休闲活动之处。

至2006年，先农坛内坛古建筑区完成了文物建筑保护修缮、坛区环境绿化整治诸项工作。

因诸多原因所限，占用庆成宫的中国医学科学院药物研究所的腾退工作一直在进行中。

（一）1988年以后的先农坛内坛（含庆成宫、神祇坛）

1988年北京古代建筑博物馆筹备处挂牌。自此以后，在先农坛内坛区、庆成宫、神祇坛范围内，除北京古代建筑博物馆外，还有多家单位并存。其中，位于先农坛内坛的主要单位有：北京育才学校及其初中部（八十八中学）、北京古代建筑研究所；位于庆成宫的有：中国医学科学院药物研究所、新世纪实验小学；位于神祇坛的有：北京教育学院宣武分院、国务院办公厅人民来访接待室、中央纪检委信访办、人大信访办。主要住宅小区有先农坛社区。

北京古代建筑研究所

位于东经路21号，北京先农坛神仓内。研究所成立于1987年，隶属于北京市文物局。1995年因北京市文物局成立"北京古代建筑发展中心"之需迁至现址。

北京育才学校

1990年北京市政府和宣武区政府为办好育才学校，在文教并存的政策下，决定对学校进行全面改扩建。学校陆续腾退了占用的先农坛文物建筑，利用先农坛内坛东南方及正南方建起了一座设施更加完善的校舍。

1996年底，北京育才学校将观耕台及作为图书馆使用的具服殿交还文物管理部门。1998 年，学校校办工厂迁出神厨院落及宰牲亭。

北京育才学校初中部

2002 年 7 月，北京市第八十八中学并入育才学校，成为育才学校初中部。

中国医学科学院药物研究所

位于南纬路甲 2 号，北京先农坛庆成宫及其以北地区。1997 年，研究所将占用的先农坛庆成宫交还文物管理部门。

新世纪实验小学

位于南纬路 2 号，庆成宫西北侧。该校成立于 1996 年，系由原南纬路小学和原福长街小学合并而成。

北京市西城区教育进修学院

2010 年西城区与宣武区合并后，原北京教育学院宣武分院更名为北京市西城区教育进修学院。

先农坛派出所

位于永定门内西街甲 2 号。派出所成立于 1988 年 3 月，隶属于天桥派出所，为治安派出所。先农坛派出所 1994 年驻先农坛街 9 号，2002 年 6 月撤销，2006 年 1 月恢复，驻永定门内西街甲 2 号。

先农坛北里（文胜楼）

2005 年开始这一区域陆续拆除，2007 年最终拆除完毕，土地经规划后于 2006 年 9 月辟为五谷园。

国务院办公厅人民来访接待室

位于永定门西街甲 1 号，北京先农坛地祇坛与内坛之间区域。

中央纪检委信访办

1993 年 5 月，北京市胶印二厂与香港利丰雅高印刷有限公司合资经营，改名为北京利丰雅高长城印刷有限公司，2008 年公司迁至通州。同年中央纪检委迁入。

人大信访办

同上。

（二）1988 年以后的先农坛其余坛区

北京友谊医院

进入 21 世纪，医院重新翻建门诊楼。

北京市地质矿产勘查开发总公司

位于南纬路 4 号。

原为 1987 年迁入的北京市地质矿产勘查开发局，1994 年更名为北京市地质矿产勘查开发总公司。

东经路消防中队

1995 年，东经路消防中队更名为北京市公安消防总队第一支队东经路中队。2005 年更名为北京市宣武区公安消防支队东经路中队、中国人民武装警察部队北京市宣武消防支队东经路中队。2012 年迁入现址。

天桥派出所

2003 年 10 月，天桥派出所迁入福长街 48 号。

北京汽车集团有限公司党校

位于南纬路 31 号。党校原址为北京汽车工业控股有限责任公司，前身为 1973 年成立的北京汽车工业公司，占用北汽摩公司散热器厂 3 层楼。1980 年更名为北京汽车工业总公司，1987 年更名为北京汽车工业联合公司，1992 年更名为北京汽车工业总公司，1995 年更名为北京汽车工业集团公司，2000 年更名为北京汽车工业控股有限责任公司，2004 年 5 月公司搬迁至朝阳区东三环南路 25 号北京汽车大厦。2010 年改为北京汽车集团有限公司。同年根据北汽集团发展的需要，北汽集团党委常委会和北汽集团董事会决定，北京汽车集团有限公司党校于 2011 年 4 月恢复组建，并由北京汽车集团有限公司出资成立北京汽车教育投资有限公司，于 2011 年 8 月 2 日注册成立。北汽党校（教育公司）根据自身特点和办学的实际需要，设立采育教学基地和天桥教学区，天桥教学区位于原公司搬迁前地址，即南纬路 31 号。

北京燕京汽车厂

进入 21 世纪后，工厂再次改制，最终倒闭后厂区土地被拍卖，2008 年奥运会后厂区建成为朱雀门家苑小区，及富力信然庭、富力摩根、富力信然等商业民用住宅。南纬路也因厂区的消失得以向西延至太平街。

北京汽车工业控股有限责任公司

原位于南纬路 31 号。成立于 1973 年，2004 年 5 月迁入朝阳区东三环南路 25 号北京汽车大厦。2010 年改为北京汽车集团有限公司。

北京市伊斯兰教经学院

位于福长街四条 2 号。前身是北京市伊斯兰教经学班，创办于 1982 年，地址位于东四清真寺。1985 年 10 月成立北京市伊斯兰教经学院，1986 年 12 月在原天桥清真寺旧址兴建校舍，工程于 1994 年 11 月 15 日竣工，经学院随之迁入。

盛景嘉园小区

位于福长街 68 号。小区由北京市天桥投资开发公司开发建设，2004 年 10 月竣工，总建筑面积 4.8 万平方米，由 3 栋商品住宅楼房组成。

北京潇湘大厦

位于北纬路 42 号。1999 年 8 月开业，2006 年 9 月重新装修。北京潇湘大厦是湖南省在首都的企业窗口。

新北纬饭店及如家快捷酒店

1989 年 9 月，北纬饭店将其北纬三宝乐有限责任公司的部分股权转让给北京市旅游公司，同时合资公司名称定为北京天桥宾馆有限责任公司。1990 年天桥宾馆正式开业。1998 年中日合资结束，被北京首旅集团及香港盈至公司接管。2000 年 7 月天桥宾馆更名为北京新北纬饭店有限责任公司。2004 年，北纬饭店老楼与如家酒店管理有限公司合作，重新装修老楼后成为特许加盟如家快捷酒店。现停业。

先农坛体育场

为迎接第十一届亚运会，1986 年 11 月至 1988 年 9 月，先农坛体育场拆除重建。1994 年至 1995 年先农坛体育场是北京国安队主场，举办过不少足球比赛。2008 年国安队离开后，体育场主要作为先农坛体育运动技术学校的训练场所，偶有机关运动会在这里举办。

先农坛体育运动技术学校

持续开办。

北京市体育彩票管理中心

位于先农坛体育场 1 号楼。中心成立于 1995 年 6 月，1996 年 11 月 18 日正式挂牌。

北京市人力资源和社会保障局

位于永定门西街 5 号。2009 年原北京市人事局和北京市劳动和社会保障局合并，成立北京市人力资源和社会保障局。

陶然亭游泳场

2009 年 8 月，游泳场停止营业。

朱雀门家苑小区

位于太平街 8 号。初建时称耕天下二期，建成后更名朱雀门小区，后更名为朱雀门家苑小区。小区原址为北京燕京汽车厂，2004 年 8 月由中集宏达房地产开发有限公司开发建设。2005 年 6 月，又启动北京燕京汽车厂住宅小区（3401 工厂小区）拆迁工程，由中集宏达房地产开发有限公司开发建设，动迁面积 30472.97 平方米，居民 536 户，2680 人，涉及单位 4 家。2009 年 12 月竣工。该小区由 25 栋住宅楼房组成，总建筑面积 13.31 万平方米。

耕天下小区

位于永定门内西大街 3 号，神祇坛坛区西南部。小区原址为北京玻璃四厂。后因工厂破产厂区被拍卖，由北京诚通房地产开发有限公司购入并进行开发建设，2003 年 10 月 30 日竣工，总建筑面积 4.1 万平方米。

第三章

北京古代建筑博物馆

历经近 600 年的风雨沧桑，先农坛古建筑群的存废兴衰，成为文物界、史学界、文化界有识之士及广大热爱祖国优秀历史文化遗产社会人士的关注点。

20 世纪 80 年代初，历经沧桑的北京先农坛被北京市政府公布为北京市文物保护单位。这时的古坛区已然是破败不堪，文物古建摇摇欲坠。

经过国内著名文物古建专家单士元、郑孝燮、杜仙洲、张镈、马旭初等人不断地奔走呼吁，北京市政府决定在北京先农坛古坛区成立北京古代建筑博物馆，展示先农坛古建筑的历史风貌。1988 年 8 月以前，经过文物部门的不懈努力，太岁殿古建群被先期收回；8 月，博物馆筹备处进驻太岁殿院，在开展先农坛文物古建抢救性修缮工作的同时，逐步推进坛区的恢复、整治、绿化等系列工作，筹备博物馆的古建保护专题展陈工作。

1990 年冬，在北京市政府主持下，博物馆与育才学校达成"文教并存"共识，以先农坛内坛东坛门至西坛门一线为界，以北为北京古代建筑博物馆，以南为育才学校。北京古代建筑博物馆又于 1995 年收回神仓；1997 年收回庆成宫；2001 年收回神厨；同年收回具服殿、观耕台。经过二十多年的不懈努力，北京先农坛古坛区的文物保护进入一个新的历史时期。

北京古代建筑博物馆的宗旨是传承、普及中国传统建筑文化、建筑知识、北京先农坛历史文化的科学知识。1999 年，首届"中国传统建筑展"开展，并作为该馆的基本陈列；2011 年再次改陈，2012 年元月开展；2002 年"先农坛历史文化展"开展，2014 年更名为"北京先农坛历史文化展"再次展出。随着博物馆社会知名度的逐渐提升，博物馆的社会教育、传统建筑文化的科学普及，传统建筑构件的文物征集、保管，北京先农坛历史文化研究等工作也进一步深入。"十二五"规划以来，博物馆借"中国古代建筑展"改陈之际，走出大门，到社会上举办一系列专题建筑展，取得了良好的社会效益。它既宣传了中国传统建筑文化，普及了建筑技术知识，也扩大了博物馆的社会知名度。同时，又将博物馆的临时展览——中华古建系列主题展一年一度向社会推广，丰富了基本陈列中未能详尽阐释的传统建筑知识，锻炼了博物馆文博业务人员队伍。

随着北京先农坛古坛区面貌的不断更新，未来北京古代建筑博物馆将会更加注重传统建筑文化的系列展示。伴随着北京中轴线申遗工作的推进，也将北京明清皇家坛庙展示工作提上议事日程，即把先农坛打造成北京坛庙文化展示基地。通过对明清北京坛庙文化的全方位展示，为优秀传统文化的继承与发扬，做出自己的努力。

第一节　行政工作

一、部门设置与职能

1988 年 6 月，经北京市机构编制委员会办公室批准，成立北京古代建筑博物馆筹备处，编制暂定 7 人。筹备期间设置了"三部一室"的管理机构，即：展览陈列部、征集保管部、营造设计部和办公室。

1989 年 8 月，经北京市机构编制委员会办公室批准，北京古代建筑博物馆筹备处正式改为"北京古代建筑博物馆"，编制暂定 37 人，拟设五部一室：办公室、展陈部、研究教育部、保管征集部、营造设计部、经济开发部。

办公室

负责北京古代建筑博物馆馆务方面的日常管理工作，包括人事调配，收发传达、党团工会、安全保卫、绿化卫生、维修搬迁、公关、外联、行政后勤、财务管理等方面，建立馆务档案和人事档案。

展陈部

展陈方面——展陈设计，展览布置，展品展具制作，计划外展览项目及经费筹集联系，说明词、讲解词的编辑，建立有关的展陈档案；社会教育方面——游客、观众的组织、联系、宣传、讲解、导游。

研究教育部

主要从事中国建筑史、城市规划史、古建技术发展史等方面的研究，并从事现存古建保护技术方面的研究。在教育方面，主要是组织筹办古建方面的各种类型专业班，培养古建方面的各种专业人才。

保管征集部

征集古建文物实物，征集有关古建的文献及图纸图片资料，建立文物保管征集档案，馆藏品档案。

营造设计部

从事古建筑测绘、维修或复原设计；文物保护单位、风景旅游区、传统园林的规划设计；古建防火及材料设施设计；北京古代建筑博物馆长远规划设计及先农坛等古建维修工程。

经济开发部

从事古建防火、防虫、防风化、防腐等方面保护技术项目的开发与合作，从事各类有关古建材料制造工艺项目的开发与合作，从事古建模型项目制作，从事其他可能合作的经济项目的开发合作，为博物馆自我发展能力的逐步形成积累资金。

1990年6月，经北京市文物局批准，机构设置调整为一室两部：办公室、业务部、营造设计部。

办公室

负责馆务方面的日常管理工作。包括人事调配、文件收发、档案管理、安全保卫、行政后勤、财务管理、对外公关等。原计划设置的经济开发部作为办公室所属的一个部门。

业务部

负责馆内的主要业务，即展览陈列、藏品保管与征集、开展课题研究、为社会培训古建专业的有关人才等。原拟设置的展览陈列部、保管征集部、研究教育部三部合一。

营造设计部

从事文物保护单位的古建筑测绘、复原设计及维修，承接文物旅游景点、传统园林等的规划设计，开展建筑设计的咨询服务。

1990年9月，经北京市机构编制委员会办公室批准编制调整为47人。

1992年，北京古代建筑博物馆对内实行评聘结合，理顺了机构，建立健全了各项规章制度，下设一室三部二科，即办公室、社会教育部、陈列保管部、营造设计部、人保科、行政科。

1996年6月，经北京市机构编制委员会办公室批准编制为47人，正处级单位。

2000 年，内设部门资料中心，作为古建资料、文物账目保管、登录的职能部门。

2001 年 11 月，经北京市机构编制委员会办公室批准成立北京四合院博物馆，从北京古代建筑博物馆调剂编制 4 名，调剂后编制为 43 名。

2002 年内设非常设机构"北京古代建筑博物馆科普小组"，由陈列保管部、社会教育部两部门抽调五位同志组成，统一负责由北京市科学技术委员会派发的博物馆科普宣传工作。科普小组于 2008 年秋解散。

2003 年 3 月经北京市文物局批准，"部室设置"项目变更为一室二部二科，即办公室、陈列保管部、社会教育部、人保科、行政科。

2005 年 3 月，经北京市机构编制委员会办公室批准成立孔庙和国子监管理处，从北京古代建筑博物馆调剂编制 5 名，调剂后编制为 38 名。2005 年 9 月，经北京市文物局批准，内设机构暂设为办公室、陈列保管部、社会教育部、人保科、行政科。

2008 年 1 月，根据第一轮岗位聘任结果，内设机构设置为办公室、人事保卫科、行政科、社会教育部、陈列保管部、科研信息部。

办公室

主要职能是组织起草博物馆重要文件、规章制度；有关文件和公文的制作、收发及文书档案管理工作；制订和执行单位财务预算计划，对经费的收支使用进行管理；协调单位内各机构之间的关系及对外联络宣传工作；负责车辆使用的调配管理。

陈列保管部

主要职能是制订和实施展览陈列计划及其大纲的编写，对文物藏品、建筑模型实施收藏研究、科学保护和日常维护，各类业务资料的调研收藏及科学管理，进行相关的学术研究。

社会教育部

主要职能是通过讲解接待和组织开展各种形式的宣传教育活动，架起博物馆与观众的桥梁，撰写因人施讲的讲解词，负责制订并组织实施教育基地工作计划和对外开放、参观接待的日常管理。

人保科

主要职能是承办全馆干部、职工、离（退）休人员及馆内临时工的人事管理工作；负责博物馆的安全保卫工作，确保文物和古建筑等国家财产安全。

行政科

主要职能是负责配电室及博物馆电力电器设备正常运行，保证各类管线的安全畅通；负责行政库房、固定资产的登记；负责馆容馆貌、食堂、职工生活等一系列后勤保障工作。

科研信息部

主要职能是负责科研信息工作，负责网络、办公电脑及其外围设备的维修维护，多功能厅的开放使用，协助完成巡展、宣传教育等日常工作。

2009年3月，经北京市委机构编制委员会办公室批准增加安全保卫专项编制3名，调整后编制为41名。

2010年1月根据第二轮岗位聘任结果，内设机构设置为办公室、人事党务科、保卫科、行政科、社会教育部、科研信息部、保管陈列部。新成立人事党务科，除原有人事工作，还增加了党务工作，包括党建、党风廉政及组织支部活动等工作，其他部门职能不变。

2012年1月，根据第三轮岗位聘任结果，内设机构设置为办公室、人事党务科、保卫科、计划财务科、古建园林科、社教与信息部、保管陈列部。新成立计划财务科，负责财务工作，原行政科名称变更为古建园林科，增加园林绿化、古建修缮等工作，社会教育部与科研信息部合并，同时部门职能也进行了合并，其他部门职能不变。

2014年1月根据第四轮岗位聘任结果，内设机构设置为办公室、古建宣传部、保卫部、计划财务部、古建园林部、社教与信息部、保管陈列部。原人事党务科名称变更为古建宣传部，其部门职能不变，其他部门职能不变。

根据北京市机构编制委员会办公室发〔2014〕31号文件，北京古代建筑博物馆被确定公益一类事业单位。

北京古代建筑博物馆学术委员会

2014年夏，根据馆领导提议，结合几年来博物馆文博事业开展的良好形势，决定成立"北京古代建筑博物馆学术委员会"，为议事机构，制定工作章程，由法人担任主任，设立名誉主任和日常工作机构——秘书处，每半年召开一次例会。该委员会以审定、研讨博物馆业务工作发展和制定下一年度业务工作为主要内容，作为

馆学术委员会召开例会

博物馆业务工作参考。

2016 年根据第五轮岗位聘任工作要求，结合馆内实际情况，将内设机构调整为办公室、人事保卫部、文创开发部、社教信息部、陈列保管部。原办公室、古建园林部、计划财务部职能合并，成立办公室。原古建宣传部与保卫部职能合并，成立人事保卫部。新成立文创开发部，部门职能为文创产品开发与管理、文创产品库房管理及古建修缮等业务工作。

二、部门工作的开展

（一）人事工作

人事工作主要负责干部职工年度考核、评优、晋升、职称评定、培训和工资、福利、保险等管理工作；负责干部职工、退休人员、临时工的人事档案管理工作；负责计生和残疾人安置等工作；负责人事及计生印章的管理；负责人事档案的管理等工作。2010 年经第二轮岗位聘任内设机构调整，成立人事党务科，除原有人事工作外，还增加党务工作，包括党建、党风廉政及组织支部活动等工作。2014 年经第四轮岗位聘用内设机构调整部门名称变更为古建宣传部，其部门职能不变。2016年根据第五轮岗位聘任内设机构调整方案，与保卫部进行合并，设置人事保卫部，且部门职能进行合并。

（二）保卫工作

工作开展情况。开馆初期，安全保卫工作隶属于馆办公室，设专职安全保卫干部一名，负责全馆的安全工作。主要职责是：确保博物馆管辖范围内防火防盗无安全事故，及夜班管理的工作规范制定与督导。在条件还相当艰苦的环境下，保证了博物馆建馆初期的工作开展。

1992年成立人事保卫科，设科长一名（负责人事党务工作）、副科长一名（负责安全保卫工作），另配保卫干部两名，协助副科长负责全馆的安全工作。

1995年人事保卫科与办公室合并，设负责安全保卫工作的副科长一名。同年秋，北京市文物局委托北京古代建筑博物馆利用新拆迁出的先农坛拜殿南侧空地，举办首次全市文物系统消防比赛。北京古代建筑博物馆派出的代表队获得好评，并在消防诗歌比赛中获得二等奖。

1997全馆进入"中国古代建筑展"的筹备工作。1999年6月展览开幕。为了配合这一工作，经向北京市文物局申请专项经费，在该展展厅布设防火防盗技术设备，包括防盗红外探测、防火烟感探测和24小时录像监控。监控室设置在先农坛太岁殿院东北角的职工通道北侧新建房，包括展厅电视监控室和24小时循环录像监控室。这是博物馆首次应用较为现代化安防监控设施的开始，极大改进了博物馆安防工作的效能。同年，为了改善馆传达室和夜班值班的工作条件，在博物馆入口处对原有老旧传达室进行翻建，实行夜间不休眠值班。

2001年，人事保卫科重新设立，设负责安全保卫工作副科长一名。

2002年职责调整，由科长负责安全保卫工作。同年，"北京先农坛历史文化展"期间伴随举办首届"宣南文化节"，安保工作量的加大，迫切需要加强安保队伍。以后几年陆续调进或安置一些人员专门从事安保工作，进行了职责分工，除了太岁殿院、神厨院的基本陈列安防设备的24小时监控外，对博物馆所属的庆成宫安排专人负责安防，对口检查和巡查。

从1999年开始至奥运会之前，为了加强安防意识，使全馆人员具备一定的安防知识，每年的春秋都要举办全馆消防知识培训和演练，为全馆的安全工作尤其是消防安全工作打下了良好的群众基础。

2007年，北京市文物局出台再次加强消防预防工作举措，在博物馆主展区太岁殿院设置地下消防蓄水池，以备突发性事件之需。

2008年北京奥运会开始，安防工作首次被提高至与博物馆业务发展同等重要地位。安防工作不仅仅是事业发展的保障，也是北京先农坛物质文化遗产的生存保障。为此，北京市文物局在软件和硬件两方面对博物馆加大安防工作力度，主要体现在以下几个方面：

在保卫科设立安全工作办公室。由保卫科长兼任主任，对文物局进行安全工作直接负责；在博物馆进出大门处的馆值班室旁，设置安全检查设施，实施观众进馆人工安防检查；给传达室配备必要的防爆器材，训练白班、夜班值班人员熟练使用；进行消防、防爆演练，增加演练次数，保证奥运会期间的安防要求；制定针对奥运会的全面安防制度，并借此作为以后安防工作的新起点；根据北京市文物局统一部署，临时引进4名专职安保，24小时定时巡逻和检查一切物品存储器；对全馆所有展厅进行彻底的安全排查，确保没有安防死角。

奥运会的举办，加强了博物馆的安防观，相关制度得以全面提升，安防工作从此进入一个新的历史阶段。

2009年3月，经北京市机构编制委员会办公室批准，增加安全保卫编制3名。

2010年在北京市文物局专项经费支持下，投资近百万元对中控室监控、消防设施、设备进行了升级改造。

2012年对全馆13个消防栓进行了维护保养，为西小院办公区新增消防栓4个，同时完成了庆成宫监控室与馆内监控室的整合监控。同年人事与保卫分离，设立保卫科，专门负责全馆的安全保卫工作，保卫科人员增加到7人。设科长、副科长各1名，监控、门卫、展厅、巡视等岗位各指定专人负责。同时，招聘十几名劳务派遣人员补充到门卫、中控室等岗位加强值班管理。

2013年完成馆外围墙电子围栏工程。

2014年1月更名保卫部，职能不变。

2015年7月完成西小院办公区及文物库房安防系统工程。

2016年1月，在北京市文物局安排和要求下，引进专职文博特勤（保安员）计34名，作为北京古代建筑博物馆固定的安保专业队伍，安全保卫力量进一步壮大，安保工作完全进入市场化职业化管理阶段。这是安防工作质的飞跃。同年，保卫部与古建宣传部合并，更名人事保卫部，设立部门主任一名（主抓安全工作）、副主任两名（主管安全、主管人事各一名）。

主要工作业绩。建馆初期在艰苦条件下，防盗和防火两项最基本的安防工作得到保障。在北京市文物局和消防管理单位的突查暗访中，因工作认真多次获得奖励。

2003年至2004年连续两年被原宣武区评为安全工作先进集体。

2008年奥运会期间，安防工作在全体博物馆职工的配合下做到了万无一失，保卫工作被北京市公安局授予年度集体嘉奖。

2009年，在国庆60周年大型活动中，北京古代建筑博物馆先后派出5名同志协助兄弟单位执勤。由于圆满完成工作，再次被北京市公安局授予集体嘉奖。

2010年，在北京市公安局、北京市文物局、西城区文化委员会等各级单位的安全检查中，北京古代建筑博物馆的安全工作得到了高度肯定，因此再一次被北京市公安局授予年度集体嘉奖。

2011年—2017年，保卫部门多次被北京市文物局、西城区、天桥街道消防部门等评为先进集体及优秀科室。多名同志先后获得北京市公安局安全管理先进个人及北京市文物局、北京古代建筑博物馆先进个人荣誉。

消防安全培训

制度建设。健全制度是做好安全保卫工作的根本和依据，博物馆先后建立了《领导决策机制》、《责任落实机制》等九种安全工作长效机制；制定了《突发事件应急预案》、《防火工作应急预案》、《防范人为破坏应急预案》等十二种应急预案；完善了三个不同级别的防控方案，划分责任区，落实责任制。保卫部门还制定了《安全值班制度》、《用火用电管理制度》、《安全巡视检查制度》、《安全隐患整改台账制度》等二十余种安全工作制度。特别是建立安全检查隐患整改台账制度，明确安全检查、隐患整改、责任验收、留档查看等责任负责制度。这一做法得到了北京市文物局的大力称赞，推广到全局执行。

（三）社教与信息工作

建馆之初，社教部作为博物馆联系群众的纽带，也是开展宣传教育的第一线。1992 年—1994 年期间，先后成立了市级、区级、街道三级不同层次的青少年教育基地。1993 年，博物馆被命名为"北京市爱国主义教育基地"。1995 年—1998 年，博物馆充分发挥爱国主义教育基地的社教职能和先农坛古建文物优势，围绕不同时期的宣传重点及青少年兴趣热点举办多项专题展览。1996 年，被授予"1995—1996 年度北京市优秀青少年教育基地称号"以及市级社教基地优秀奖。1997 年获北京市科学技术委员会颁发的科普先进集体奖。1997 年—2000 年连续获得北京市优秀青少年教育基地组织活动奖。2000 年，被命名为北京市"青少年科普教育基地"。2015 年，被命名为"全国科普教育基地"。

近年来，社教部也充分发挥着业务部门的重要职责，较好地完成了展览工作、社教工作、网络信息工作以及科研工作。

（四）陈列保管工作

文物藏品的征集保管工作，是博物馆的基础工作，也是博物馆能够持续发展的重要保障。

建馆之初，本着以服务基本陈列之需要的原则，展品征集借调工作在全国范围内开展。因为处于事业开创期的摸索阶段，征集品种覆盖面比较狭窄，借调品也只能满足部分之需。这个时期，根据博物馆实际情况，制作了一大批用材珍贵、做工精美、富有一定代表性的中国古代建筑模型，一定程度上弥补了征集借调展品严重不足的状况。

博物馆自正式开放到 1999 年首次"中国古代建筑展"开展前，是打基础、促发展时期。针对以往征集工作中的困难和问题，这一时期把立足北京进行可征集文物调研作为重点工作来做，开展了北京四合院建筑文物调查，同步完成文物征集。这个阶段的主要成果，体现在积累了大量调研资料和征集了占目前馆藏近50%的征集品，在丰富馆藏的同时，也为以后的基础研究工作做了必要准备。这个时期，因经费等因素限制，藏品保管处于无固定场所状态，没有符合要求的管理设施，仅能达到基本保管的要求。同时，针对首次基本陈列的需求，补充制作了一批古建模型，比例和制作内涵都与前一阶段的模型制作有所调整，在制作更加精巧的同时，还制作了部分反映古建群体面貌的模型。这是对前一个阶段缺乏建筑群体模型的补充。

从1999年"中国古代建筑展"开展到2011年第二次"中国古代建筑展"开展前，是博物馆侧重基础研究的时期。这一时期，征集工作因政策原因开展有限。在保管工作中，初步实现藏品保管具备专用场所，对已有馆藏进行深入整理，为未来的改陈工作打下基础。针对长期以来保管工作中缺乏正式库房及必备设施的现状，在此阶段建设完成西办公区文物库房并投入使用，"三铁一器"和正规安防设施均已到位，保管工作进入标准化工作状态。

自建馆以来，藏品管理工作在持续完善中。进入2000年后，随着计算机的逐渐普及，2001年接受北京市文物局下发的管理设备，首次统一使用藏品管理专用软件，实现了电子化账目管理。2006年末、2008年、2016年，分批次升级管理设备，按照北京市文物局的部署，完成账目数据转移，实现彻底的数字化管理。根据国家文物局要求，开展"可移动文物"调查，博物馆藏品管理工作得到进一步完善，同时对可移动文物建立了独立的管理系统。

2012年至今，是保管工作稳定发展时期。这个阶段加强并完善了制度建设，根据北京市文物局的要求，在藏品库房中安放无线监控设备，监控数据直接上传市文物局。

目前，博物馆正在积极争取建成藏品库房的恒温恒湿环境，提升藏品科学化管理水平。

三、党务工作

博物馆党支部始终维护党中央权威和集中统一领导，自觉在思想上、政治上、行动上同党中央保持高度一致，始终围绕馆内中心工作，以点带面，不断增强和

党支部开展主题活动

党员参观专题展

发扬全体党员的政治意识、大局意识、责任意识、创新意识以及爱岗敬业、无私奉献的精神，充分发挥党支部的战斗堡垒作用，抓好支部的学习和党员的先锋模范作用，为业务工作提供政治保障、思想保障、组织保障、作风保障和纪律保障。

1988 年 6 月，北京古代建筑博物馆筹备处正式建立，年度计划用人的 17 人中，有中共正式党员 4 名，正式团员 8 名，为更好地开展工作，经请示先后成立了党支部和团支部。设党支部书记一人，团支部书记、组织委员、宣传委员各一人，正式开展组织生活和思想政治教育工作。

截至 2016 年底，共发展党员 11 名，完成 1 名应届毕业生预备党员的按期转正工作。

四、工会工作

1996 年 8 月，北京古代建筑博物馆职工加入了北京市文物事业管理局工会（即今北京市文物局工会）。

1997 年，北京古代建筑博物馆成立第一届工会委员会（时称"北京市传统建筑发展中心第一届工会委员会"）。

2002 年，北京古代建筑博物馆工会建立了职工大会制度。8 月 23 日，召开了北京古代建筑博物馆第一次职工大会，会上换届选举产生第二届工会委员会（时称"北京市传统建筑发展中心第二届工会委员会"）。

2007 年 9 月 6 日，召开北京古代建筑博物馆职工大会，换届选举产生第三届工会委员会。2010 年 10 月，北京古代建筑博物馆工会上报北京市文物局工会《关于成立"北京古代建筑博物馆工会委员会"的请示》。11 月 1 日，北京市文物局工会同意并批复了撤销"北京市传统建筑发展中心工会委员会"，成立"北京古代建筑博物馆工会委员会"。就此，北京古代建筑博物馆工会委员会正式成立，并制作了北京古代建筑博物馆工会委员会的印章及财务章。2010 年，制定了《北京古代建筑博物馆馆务公开办事制度》和《北京古代建筑博物馆工会工作制度》。

2011 年 1 月 21 日，经审核准予开立专用账户，名称为"北京古代建筑博物馆工会委员会"。9 月 20 日，召开北京古代建筑博物馆职工大会，换届选举产生第四届工会委员会和第一届经费审查委员会。

参加北京市文物局组织的专题活动

参加北京市文物局组织的广播操比赛

2013 年，建设"职工之家"工作。年底，经评审获得了北京市文物局"合格职工之家"的荣誉。持续开展"职工之家"建设，是工会工作融入古建馆中心工作的切入点。2015 年 5 月 25 日开始进行建设工作，历时 6 个月，将位于博物馆拜殿南侧占地面积为 400 平方米的院落，建设成为"职工之家"的活动场所，并采购运动器械，完善职工之家设施。

2016 年，博物馆又将宰牲亭院落内 600 平米空间，建设成篮球场和羽毛球场室外活动场地，使"职工之家"的活动场所共计 1000 平米，极大地丰富了职工的文体活动场所。职工之家内还设立了荣誉室、阅览室和咨询室。2016 年 5 月 9 日"职工之家"新家开家，同年被评为北京市文物局系统第一家"五星级职工之家"。

职工之家

五、特色活动

为了保护、利用北京先农坛古坛区，北京古代建筑博物馆举办了许多特色活动。其间既有建馆初期的简单尝试，也有后期的引进活动和联合举办活动。

1994 年冬，为了贴近老天桥社区民众生活，使先农坛的古建文物资源发挥更好的社会效益，由北京古代建筑博物馆提供场地，社会力量提供活动资金，天桥街道负责组织天桥地区传统技艺人才资源，共同举办了 1995 年春节庙会。庙会体现了老天桥以曲艺、杂技为主的历史民俗内涵，还恢复了部分传统小吃。

2002 年 9、10 月之交，当时的宣武区政府为了宣传宣武区的历史文化资源，遂统合全区的文化单位，以各单位的历史文化内涵为宣传重点，举办首届宣南文化节。文化节组委会将先农坛列入文化节活动场所。这一年又适逢北京古代建筑博物馆筹备的"北京先农坛历史文化展"开幕，届时先农坛古坛区将重新向社会开放。上述两项工作成为北京古代建筑博物馆当年业务工作的重点。国庆节后，首届宣南文化节在北京古代建筑博物馆开幕，会场设在神厨院。文化节上安排了内容丰富的文娱表演，有传统曲艺演出，以及多数观众难以见到的清代皇家祭祀音乐演唱。演出取得十分好的效果，众多观众慕名而来、踊跃参与。此项活动成为北京古代建筑博物馆历史上一次较为成功的大型社会活动。

先农坛是国家重点文物保护单位，也是所在地区重要的文化资源。保护、利用这处文化资源，一直为先农坛所在地区和街道所关注，特别是先农坛所在的原宣武区天桥街道文化部门，更是将社区居民如何认识中国古代农业文化，发扬爱惜粮食、敬农爱农精神，当作街道文化工作的重点。从 2005 年起，曾多次举办由社区居民参与的"祭先农识五谷"文化活动。参与的社区居民从开始的几十名，增长到后来的几百名，参与者中有著名演艺人士，也有地区及北京市文物局的各级领导。活动中，在先农神坛上临时搭建帷帐，设祭坛，供奉先农之神神牌，由学生向先农敬献花篮和五谷麦穗，宣读纪念先农炎帝神农氏的颂词，以表达今天的人们对先贤的崇敬之情。这一活动，对提高社区居民认识先农坛，谨记爱惜粮食、重视农业、不忘根本的训诲，起到积极作用，取得良好的社会效益。该活动在宣武、西城两区合并后，同样受到西城区文化主管部门的高度重视。最近一次举办这一活动是 2015 年 5 月。

西城区文化主管部门认为，北京先农坛是西城区城南地区重要的历史文化物质遗存和文化资源，应当发挥活跃全区文化氛围的重要作用，并统合区文化馆、宣南博物馆的人力资源优势，由宣南博物馆牵头，开展"先农文化节"主题活动。这一活动由宣南博物馆策划活动文案，西城区文化馆的专职演员和群众舞蹈队共同演出，再现了清代皇帝亲祭先农的历史场景。自 2011 年起至 2013 年，连续举办三届。

2014 年北京古代建筑博物馆全面接手该项活动，更名为"敬农文化展演"，将这一富有特殊意义的群众文化活动，作为面向社会展示先农文化研究成果的绝好窗口。为配合展演活动，博物馆重新制作了全部演出的仿真道具，包括祭祀礼器、桌案、香具、主要演出服装等，重现清末的真实场景。通过展演，宣讲了先农文化在中国传统文化中的重要性，取得良好的社会效益。其中，2016年举办的展演活动由97名演职人员参与，成为历史上规模最大的一次。

北京古代建筑博物馆自2000年以来，还长期作为北京市"5·18"国际博物馆日文物鉴定活动场所，前后延续十几年，社会效益取得了不俗的成效。

"5·18"国际博物馆日文物鉴定活动

第二节　业务工作

一、展览工作

（一）基本陈列

北京古代建筑博物馆从建馆时起，就把研究、展示中国古代建筑文化、建筑科技以及北京先农坛历史文化，作为博物馆基本陈列的中心内容。

著名古建筑专家单士元先生在首次"中国古代建筑展"大纲研讨会上发言

著名古建筑专家杜仙洲先生在首次"中国古代建筑展"大纲研讨会上发言

北京市文物局领导调研"中国古代建筑展"筹备情况

馆领导向北京市文物局领导汇报"中国古代建筑展"筹备情况

"北京先农坛历史文化展"特色展墙

"北京先农坛历史文化展"社教活动区

建馆至今，先后各推出两项中国古代建筑文化主题基本陈列、北京先农坛及先农文化主题基本陈列。

1999 年—2010 年的"中国古代建筑展"

这是北京古代建筑博物馆首个基本陈列。

随着建馆以来博物馆职能发挥及各项工作的推进，创办一个基本陈列以展示北京古代建筑博物馆自建馆以来对中国古代建筑文化、技术、艺术的研究与思考，并以此满足社会对博物馆业务工作的期望与要求便被列为工作日程。1995 年春，经馆领导研究决定，自 1995 年秋季开始，委托东南大学（南京工学院）编制"中国古代建筑展"展陈大纲。大纲以刘敦桢先生所著的《中国古代建筑史》及国家高等教育标准教材——《中国建筑史》为理论蓝本，把当时建筑学界公认的中国古建知识体系，与展览的架构形式相结合，将整个展陈分为 8 个部分：中国古代建筑技术、城市、宫殿、坛庙、宗教、民居、陵墓、园林，将中国古代建筑的整体概念分解为发展史和建筑技术的综合性专门史，以便观众结合中国古代建筑研究读物更好地理解展览内容。本次展览的受众文化层次定为"具有中等文化水平的普通观众及作为大中专学校第二课堂"。

1997 年，北京古代建筑博物馆呈报北京市文物局 1999 年开展"中国古代建筑展"的申请得到批准。

为了把北京古代建筑博物馆首个基本陈列办成具有特色的主题展，1997 年开展了如下工作：第一，邀请展陈形式设计专家，广泛进行形式设计探讨。第二，将保管、社教两个部门合并办公，组成展览工作组。第三，新增建馆以来具有特色的展示内容（如专门讲述中国古代营造工匠的内容）和大量可视化素材。

1998 年春季，为了更加稳妥地开展基本陈列筹备工作，北京市文物局批准北京古代建筑博物馆就大纲的内容及展陈形式召开专家论证会，并由北京市文物局相关处室合署办公，联合指导。经过广泛征求意见，确定了北京古代建筑博物馆太岁殿北、西、南三座古建筑为本次陈列展厅，展厅面积约为 3000 平方米，下拨展览经费 200 余万元，重新铺装西、南两展厅地面，并于秋季发布闭馆公告，开始进入展览施工前准备阶段。是年，世界建筑师大会将北京古代建筑博物馆本次基本陈列列入 1999 年大会会员参观场所（分会场）。

展览于 1999 年 6 月 22 日隆重开幕。国家文物局、北京市文物局，以及世界建

第二次"中国古代建筑展"专家评审会

复原后的清末太岁坛祭祀陈设

筑师大会成员和各界人士莅临开幕式的现场。

作为北京古代建筑博物馆首个基本陈列，在内容设计上较好地体现了当时业内对于中国古建的理论成果，以及建馆以来对中国古代建筑文化的初步研究成果。在展品方面，由于经费所限，文物应用量少，主要依靠早期制作的大量中国古建模型，重点展品为馆藏一级文物"明清北京隆福寺藻井"，以及"1949 年老北京城沙盘"。

该展于 2010 年秋季结束，展期 11 年。

2002 年—2013 年的"北京先农坛历史文化展"

这是北京古代建筑博物馆的第二个基本陈列。

2001 年，随着先农坛神厨院落由北京古代建筑博物馆收回并修缮完毕，便拟利用神厨正殿和东配殿共计约 500 多平方米的区域开辟为"北京先农坛历史文化展"。该展由保管部编制展陈大纲。经过两轮的大纲论证，于 2002 年春定稿，后呈北京市文物局批准，并下拨经费约 100 万余元。2002 年 9 月展览开幕。

展览基本思路源于"北京先农坛历史沿革展"，并加入了更多的复制展品。例如清代禾词鼓、麾、节，及侧重观众互动的电子设施。展览试图将持续多年的先农坛科研工作用展陈形式进行体现，因此在展示内容上充分利用了馆内业务人员的科研成果。

该展形式设计方对形式设计进行多次工作汇报，在与馆方密切配合的同时，对展览形式设计中诸展示元素和配套设施，做出了有别于"中国古代建筑展"的全新形态，其主要体现在：展厅使用大色块的舞台设计手法，展览营造了强烈的主题氛围；汲取"中国古代建筑展"的经验，改变设计方式，点缀展厅的配套照明上采用了精致而富有闲逸格调的设计，起到烘托氛围之效。

为便于开展社教活动，神厨东配殿展厅内设置了"北京先农坛历史知识"电脑抢答互动区，设立大屏幕及抢答器，成为北京古代建筑博物馆社教活动的重要区域。

该展于 2011 年结束，展期 9 年。

2012 年元月至今的"中国古代建筑展"

这是北京古代建筑博物馆的第三个基本陈列。

鉴于开展于 1999 年"中国古代建筑展"展厅设施逐渐老化，出现某些安全隐

复原后的清末先农坛祭祀陈设

"先农坛历史文化展"中和韶乐乐器展厅

患，遂于 2008 年北京奥运会期间酝酿"中国古代建筑展"改陈事宜，由保管部提出展陈设想，业务馆长加以研究构思。2009 年春形成改陈内容设想，即将展览思路调整为：结合馆藏品，利用展览语言和形式，展开对中国古代建筑文化的释读。全展划分为拜殿展厅（中国古代建筑发展）、西配殿展厅（中国古代建筑类型）、太岁殿展厅（中国古代建筑技术、中国古代城市发展、清光绪太岁殿原装陈设）。这样，既照顾了原有重点展品"明清隆福寺正觉殿藻井""1949 年老北京沙盘"的体量大、不便移动的问题，又很好地对中国古代建筑文化的内涵做出诠释。在展出面积不变的前提下，实现了北京市文物局领导提出的"在古建展的主题内适当反映先农坛历史文化内涵"的提议。

在编制展陈大纲期间，博物馆曾多次组织古建界、文物界、博物馆界专家莅临改陈现场，探讨、论证馆内专业人员编制的大纲。2010 年秋，展陈大纲定稿并呈北京市文物局。得到确认后，即拨款 1100 余万元作为 2011 年展览制作经费。该展览是北京古代建筑博物馆建馆以来投入最大的展览。在进入 2011 年施工阶段，博物馆又继续组织展陈专家对形式设计方提出的方案进行反复研讨，形成切实可行的展陈方案及施工进度，突出"理论准确、形式到位、展品多样、休闲兼顾"原则。2012 年 1 月 18 日，展览隆重开幕。

为了丰富展品，博物馆还派出业务人员进行专项考察。同时，充分发掘馆内资源，在整理以往古建构件的基础上，申报追加经费 100 万元，对原藏馆内的整组"明清北京隆福寺毗卢殿明间藻井"进行修复（该文物后经鉴定为一级文物）并成功吊装，为本展增添重点展品的同时，更为本馆增加了重点馆藏。

全部展厅严格使用符合防火要求的展材；结合中国古代建筑以木为主的特点，突出黄、绿两色搭配，展材主体使用黄色，象征木材原色，绿色则增加了观众视觉的舒适性；本次展览使用分体式展柜，设立一侧活动门以便于展品更换；人工光与自然光在不同部位的合理安排，既可以节能又能改善古建筑作为展厅而造成的采光不足。"中国古代建筑技术"展厅，充分使用科技展的手段，集中展示、分体展示相结合，单体模型、设有活动场景的景观模型、半剖模型等有序使用，展品形式多样，大小体量不一，错落有致，使该展厅成为本次改陈的样板展厅。

在备展的两年中，博物馆展陈大纲编写人员与展览设计公司密切合作。特别是2011 年形式设计人员长期驻馆，在工作上精益求精，随时进行设计修改，使展览从内容到形式都达到了理想的要求。

2014年至今的"先农坛历史文化展"

这是北京古代建筑博物馆历史上的第四个基本陈列。

原"北京先农坛历史文化展"结束后，即准备利用神厨院落三处古建筑（神厨正殿、东西配殿）重新办展，扩大展出面积，新展面积为700余平方米。

2012年成立大纲编写组，由保管部负责，分别对四个展厅展示内容编制大纲，即西配殿的北京先农坛历史沿革、正殿的农耕祭典、东殿的农神祭祀与中国古代农业文明，以及位于院落西北角翻建展厅的中和韶乐乐器展厅。其中，中国古代农业文明的展示与中和韶乐乐器展示，属于北京先农坛历史文化的外延内容，对观众全面了解北京先农坛相关知识起到必要的补充作用，开展后观众的反馈良好。该展办展经费计745万余元，成为北京古代建筑博物馆历史上第二个大规模资金投入的展览。

为了增强展出效果，该展重新征集并制作了大量展品，例如增加了清代彩亭及先农坛清代中和韶乐乐器等。

"先农坛历史文化展"的展品

多媒体设计，是本展非文物展品中的首创。经过与专业创作团队长达一年的工作对接，在依靠历史素材还原历史场景的前提下，将"清雍正帝先农坛亲祭图、亲耕图"以动画形式重新编排制作。这样，既展示了两幅历史画作的文化内涵，使观众更易于了解先农祭祀礼、亲耕礼的礼仪程序知识，又为该展的展示工作增添了亮点。

2014年4月12日该展正式开展。

（二）专题陈列

专题陈列，通常称为临展，是博物馆丰富日常展览活动的主要形式。专题陈列一般指短时期内某个小范围主题的展览，展览时间可以是半年、一年或者两年、三年，一般情况下为两年左右。它既可以作为基本陈列的重要补充，也可以作为独立展示的内容。

北京古代建筑博物馆举办的专题陈列，在2011年"中国古代建筑展"第二次改陈之前的次数不多。展览主题主要为中国古代建筑知识普及，以及配合宣武区开展区情宣传。2011年以后，北京古代建筑博物馆举办的专题陈列数量增多，主要是为了补充在"中国古代建筑展"中尚不能完全体现的古代单体建筑，使博物馆古建筑主体展览系列化。因此，也确立了以"中华古建"为核心的、每次展示一种传统单体建筑类型的系列展览思路。展期以年为单位，一年举办一次，展出地点基本固定在先农坛具服殿。

2011年"中国古代建筑展"之前的专题陈列

北京古代建筑博物馆建馆初期，古建筑的修缮还在推进中，安防设施也并不完善。

1988年，博物馆在古建筑专家单士元、罗哲文、杜仙洲、吴良镛、张镈等人的建议下，拟订了筹办"中国古代建筑技术发展简史"展的计划，进行了大纲编写工作（大纲由馆内提出构想，南京工学院实施编写，讲解词由业务人员自行编写）。大纲以刘敦桢所著的《中国古代建筑史》为蓝本，突出展示建筑技术成就，尤其是建馆初期两年内在古建保护、测绘、研究方面所取得的成果。1989年春，因展览需要，通过借展、借调、无偿征集等方式，开展面向全国的展品征集。借展品中以南京博物院营造学社监制的双环亭模型、贵州青龙洞清代大型罗盘、中国历史博物馆彩绘《营造法式》、南京博物院宋代建筑门券、首都博物馆元代建筑构件及清代永定门石门额等较为珍贵；并委托山西古建研究所等单位制作了大批精美的中国古代早期单体建筑模型，这些模型其后成为重要展品，对于完整展示中国古代建筑的历史、技术、特色起到不可替代的作用。同时馆内亦自制了一些大型实体材料建筑模型，如天坛祈年殿、安徽老屋阁等。所征集的展品中，虽然有些体量较大的文物未能及时加以整理、展示，如北京隆福寺明清藻井（日后陆续整理为四组，分属不同建筑）、清堂子琉璃影壁花芯、景德街牌楼等，但是它们都成为日后北京古代建筑博物馆的重要上级文物，为博物馆的藏品建设奠定了重要的基础。

1989 年 10 月，伴随先农坛拜殿的修缮完工，"中国古代建筑技术发展简史"展对业内试展。该展于 1996 年因筹办"中国古代建筑展"而闭展，成为延时较长的专题展。

1990 年夏，为了展示北京的文物保护成果，特别是改革开放以来的成就，筹办"北京文物建筑保护成果展"。该展以图片为主，集中展示文物保护政策颁布和执行所取得的成果，以及保护技术的种类、特征和新技术的应用探索。展览自 1991 年至 1994 年在太岁殿明间及左右次间进行展示。

北京古代建筑博物馆因依托于明清皇家坛庙先农坛，因此研究、展示坛庙文化就成为博物馆的重要工作之一，且与中国古代建筑文化研究展示并行。自建馆开始，搜集整理先农坛史料即成为日常工作之一，后经过大纲编写、专家讨论，1994 年 9 月在太岁殿举办"为了忘却的记忆——北京先农坛历史沿革展"，通过大量的图片回顾了北京先农坛建立、兴盛、衰落的五百多年历史全貌，首次系统地向社会解读了先农坛的历史文化内涵。该展虽然在 1997 年因筹办"中国古代建筑展"闭展，但是为 2002 年"北京先农坛历史文化展"提供了重要资料基础和展览思路。

随着北京先农坛古坛区腾退、修缮、开放使用等一系列工作的逐步完成，坛区古建筑的修缮、保护、抢修成果需要向社会公布展示，既作为先农坛这一皇家坛庙的今昔对比，也是改革开放新时期文物工作成就的展示，更是先农坛古建筑保护工作的总结，具有十分重要的现实意义。为此，2002 年 4 月在先农坛具服殿推出"北京先农坛文物建筑抢救成果展"，通过近 30 块展板，较为系统地回顾了北京先农坛的历史沧桑，对比展示了文物古建抢救前后的面貌。2005 年因先农坛具服殿升级改造工程，展览闭展。

2011 年"中国古代建筑展"之后的专题陈列

随着基本陈列"中国古代建筑展"改陈的完成，如何延展博物馆的社教职能，进一步打开博物馆工作局面，是北京古代建筑博物馆在发展中要面临的重要任务。细化展览专题，将"中国古代建筑展"中没有涉及或囿于条件不能细化的内容，形成"中华古建"系列展览，成为这个时期的特色。

2008 年北京奥运会期间，博物馆已经着手准备"中华牌楼展"，作为专题展的试验探索。2011 年改陈后，确立了"以中国古代建筑的单体类型作为素材"的专题展办展宗旨和核心展示理念。为此，重新制作"中华牌楼展"，作为今后专题展的新开端。2012 年 12 月，"中华牌楼展"在先农坛具服殿展出。展览以图片、模型和视频等形式，较为充分地展示了中华牌楼这种单体建筑深厚的历史文化内涵及象征意义，展览涉及具有代表性的牌楼近百座。

2013 年 12 月 27 日，"中华古桥展"开幕。北京市文物局、局属单位和西城区文化委员会、天桥街道办事处、北京市育才学校等单位领导出席开幕式。新华社、BTV 新闻、《这里是北京》摄制组等六家新闻单位进行现场采访报道。该展相当详尽地展示了中国古代桥梁的产生、发展过程以及现存的古桥实例，配合精美的展示效果，取得了很好的社会反响。

2014 年 9 月 12 日，"雕梁画栋　溢彩流光——中华古建彩画展"开幕。该展是北京古代建筑博物馆与北京建筑大学合作举办的展览项目。北京市文物局、局属单位及相邻单位的领导、北京建筑大学相关专家出席开幕式。北京电视台、中国文化报、中国文物报、京华时报、千龙网等媒体进行现场报道。展览通过大量图片，较为清晰地展示了中国古建彩画的类型与绘制工艺。展览现场有手工绘制彩画的互动项目，在科普教育的同时，也激发了观众亲历其中的浓厚兴趣。

2015 年 8 月 19 日，"中华古塔展"开幕。

2015 年 11 月 6 日，"中华民居——北京四合院"展开幕。在北京古代建筑博物馆十几年来藏品调研、征集，尤其是北京四合院建筑类文物保护工作所取得的成果基础上，2012 年终提出"北京四合院建筑文物"展的设想。该展后来按照中国古建单体类型的展出计划，更名为"中华民居——北京四合院"展，将内容扩展为展示北京四合院文化内涵。展出地点位于太岁殿东配殿。成为北京古代建筑博物馆继 1989 年"中国古代建筑技术发展简史"展之后规模最大的专题展。该展于 2017 年春闭展。

"中华牌楼展"展厅

"中华古桥展"展厅

"雕梁画栋　溢彩流光——中华古建彩画展"展厅

"中华古塔展"展厅

"中华民居——北京四合院展"展厅

"中华古亭展"展厅

2016年9月，"中华古亭展"开幕。展览增加了故宫明代千秋亭模型、原中南海双环亭模型，弥补了以往馆藏模型中没有"亭"这一类单体建筑的缺憾。

（三）引进临展

博物馆引进临展，是博物馆"走出去，请进来"的重要工作之一，也是博物馆公共文化服务和社会教育职能的一种重要表现形式。北京古代建筑博物馆自建馆以来开展了许多引进临展工作。

1993年4月，北京古代建筑博物馆与东方收藏家协会联合举办了第一个引进临展——"门券收藏大观"展。展览在太岁殿东配殿举办，引起了青少年极大的兴趣，因此借办展之机成立了东方收藏家协会青少年分会。

1995年8月，为纪念世界反法西斯战争胜利，与辽宁抚顺平顶山大屠杀纪念馆联合推出"平顶山大屠杀"特展，参观者众多，展览获得极佳的社会反响。平顶山大屠杀历史惨案，对于青少年增长历史知识，尤其是抗战史知识，增强爱国主义情怀，起到了良好的教育作用。

1996年，引进了"宣武区区情展"。该展是宣武区文化委员会主办的"热爱北京乡土情历史文化展"的一部分。开展时北京市及宣武区多家新闻媒体到场进行采访报道，达到了良好的区情宣传教育目的。

2009年开始，北京古代建筑博物馆引进临展工作进入新时期。2009年5月，引进展览"辉煌的成就 华彩的乐章——北京博物馆60年""名人与文化遗产""历代名人与大觉寺"。

2010年4月，引进"北京坛庙文化展"。11月，引进"沈阳故宫建筑艺术展"。

2013年5月，引进广东省鸦片战争博物馆"禁毒丰碑——1839年虎门销烟展"。展览在具服殿展出，展期四个月，共接待观众一万余人次。

2015年7月8日—16日，引进由北京数字科普协会、首都博物馆联盟、北京博物馆学会、中国博物馆协会博物馆数字化专业委员会、中国文物学会文物摄影专业委员会、北京联合大学、中国科学院计算机网络信息中心主办的"融合 创新 发展——北京数字博物馆推进公共文化服务成果展"，展览在太岁殿展出。

（四）巡展

博物馆巡展，是北京古代建筑博物馆展览工作中的一项重要内容，也是发挥博物馆公共文化服务、社会教育职能的一种表现形式。为了扩大公共文化服务范围，充分发挥博物馆宣传教育阵地的作用，北京古代建筑博物馆开展了一系列的巡展活动，将厚重的历史文化知识，以通俗易懂的方式和朴实的语言传达给观众。自 1990 年第一次巡展开始，巡展工作涉及了与古建筑相关的历史和科技等内容。巡展地点从最开始的本市发展到外省市，再到欧洲、澳洲和亚洲其他地区和国家；巡展形式也从最初的图文版发展到图文版和展品相结合，以及互动展项和各种多媒体手段。展览内容的不断更新和拓展以及展览形式的多样化，使得博物馆的巡展之路越走越宽阔。

建馆初期的巡展工作

这一时期，是指北京古代建筑博物馆建馆伊始至 1997 年期间的巡展工作。这个时期的巡展工作形式比较简单，内容也较为宽泛，尚未形成独立的体系，巡展时间相对较短，地点也相对单一。1990 年，"中国古代建筑展·明清部分"在北京内城东南角楼开展，历时一个月。1996 年，赴广州参加"96 中国历史文化名城博览会'世界著名古都，现代化国际城市'展览"。1997 年春，应北京市人民政府外事办公室之邀，与其他单位组团赴新加坡开展"春到河畔"老北京城城市民俗文化临展，引起极大轰动。1997 年 5 月为宣传文物保护政策，树立热爱文物的文明风尚，在报国寺举办"重展城墙雄姿、恢复古都风貌——爱北京、捐城墙砖展"，随后在全市展开巡展。

20 世纪 90 年代末至 21 世纪初的巡展工作

北京古代建筑博物馆经过初期的摸索，这一时期的巡展工作有了长足的进步。展示内容逐渐主题化，专题性大大增强，展览时间逐渐加长，巡展地点从初期的零散地点发展到进入高校、走进博物馆，最终走出国门。2006 年制作的"走近中华古建展"在西城区 32 所科技示范校进行巡回展出。2009 年 10 月制作的两个展览"农神的足迹"和"巧搭奇柱藏奥秘——古建施工中的力"赴大觉寺文物管理所巡回展览。

2012 年至今的巡展工作

这个时期是北京古代建筑博物馆的巡展工作繁荣发展的时期。这一时期的巡展内容专题性强，形式多样化，展览体系整体完善，实现了在全国各地以及海外开展大规模巡展的设想。

2012 年 12 月 30 日，由北京古代建筑博物馆、广东省东莞市鸦片战争博物馆联合主办的"土木中华——中国古代建筑展"在海战博物馆大厅展出。此展览分为

"中国古代建筑艺术魅力""中国古代建筑营造技艺""中国古代建筑的集中展示——北京古代建筑博物馆"三个部分。透过展览，市民可以看到中国古代建筑的辉煌发展，欣赏中华大地上的土木华章，感受中华五千年的生命脉动。

2013年9月27日，"土木中华——中国古代建筑展"在广东省番禺博物馆巡展。该展览通过珍贵的建筑史料图片和精巧的建筑模型，向观众介绍了中国古代建筑的艺术魅力、营造技艺，以及北京古代建筑博物馆和广东的古代建筑。展品展示了六组大型精巧的木质古代建筑模型和多个小型的木质建筑模型，集中了唐、宋、元、明、清五朝的建筑特色。同年10月31日，由文化部、北京市政府共同主办，北京市文物局、首尔中国文化中心和北京古代建筑博物馆联合承办的"中华牌楼展"在韩国首尔中国文化中心开幕。展期从2013年10月31日持续到11月20日。北京市领导、中国驻韩国大使馆官员及韩中友好协会等机构出席了剪彩仪式。

2014年4月23日，由北京古代建筑博物馆制作的"古都今与昔·北京老建筑风貌展"首次在台湾台南市萧垄文化园区隆重开幕。北京市文物局领导、北京市台办领导以及著名建筑学家李乾朗等出席了开幕式。北京日报、北京电视台、千龙网及台湾媒体进行了现场报道。该展是"2014两岸城市文化互访系列——北京周"活动的子项目之一，通过300余幅图片、10余件模型，生动展示了北京地区建筑的旧貌与新颜。故宫角楼、天坛祈年殿、老北京四合院等10余件北京最具代表性的著名古建筑模型，展示了北京中轴线的格局和理念、北京城市民居以及中华古代建筑的木构技术和装饰技艺。现场还有门楼、斗拱等古建部件，可供观众亲手拆装。展览带给台湾民众一种还乡之情，取得良好的展览预期效果。

同年6月20日，由文化部、北京市政府共同主办，北京市文物局、德国柏林中国文化中心和北京古代建筑博物馆共同承办的"土木中华展"在德国柏林中国文化中心开幕。此次活动是柏林中国文化中心纪念北京柏林建立友城关系20周年的重点项目。同年10月20日，由北京市文物局主办，北京古代建筑博物馆承办的"园林北京展"，在澳大利亚首都堪培拉开幕。同年10月21日，由北京市文物局、福建省晋江市文化体育新闻出版局共同主办，北京古代建筑博物馆和福建晋江博物馆联合承办的"中华古桥展"在晋江博物馆开幕，展览展期五个月。同年12月5日，由北京市文物局、云南丽江市博物院主办，北京古代建筑博物馆和北京建筑大学联合承办的"雕梁画栋 溢彩流光——中华古建彩画展"在云南省丽江市博物院

"古都今与昔·北京老建筑风貌展"展厅

德国观众在领取纪念品

开幕。同年 12 月 10 日，由文化部、北京市人民政府共同主办，北京市文物局、西班牙马德里中国文化中心、北京古代建筑博物馆共同承办的"土木中华展"，在西班牙马德里中国文化中心隆重开幕。本次"土木中华"巡展为西班牙广大观众打开了一扇了解中国古代建筑及中国传统文化的窗口，促进了中西文化交流与传播。

2015 年 1 月 9 日—19 日，由北京市文物局和北京古代建筑博物馆承担制作的"华夏神工"科普展在西城区第一图书馆巡展；2 月 2 日—12 日，在西城区第二文化馆巡展。同年 5 月 11 日，由北京市文物局、法国建筑师协会主办，由北京古代建筑博物馆和法国利摩日艺术博物馆共同承办的"土木中华展"，在法国利摩日艺术博物馆隆重开幕。该展深受当地民众的好评和欢迎，展期为 2015 年 5 月 11 日—10 月 11 日。同年 6 月 30 日，由北京市文物局主办，北京古代建筑博物馆及密云县博物馆共同承办的"雕梁画栋　溢彩流光——中华古建彩画展"在密云县博物馆开幕。此次巡展为两馆间的文化交流和学习提供了一个良好平台。巡展为期一个月。同年 12 月 9 日—25 日，在正阳书局举办"中华古塔"巡展。

2016 年 11 月 9 日，"华夏神工"科普展到北京空军某部队驻地巡展，通过展览、模型互动等方式，将中国古代优秀的建筑技术及其所蕴含的科学原理形象地展示给部队官兵，取得良好反响。

二、文物征集与模型制作

馆藏文物是博物馆开展业务工作的基础，也是博物馆在业界确立自身地位的物质基础和必要保障。大力开展馆藏文物的征集，是博物馆的日常工作之一。

馆藏文物征集工作分为三个时期。

建馆初期

自 1988 年"北京古代建筑博物馆筹备处"挂牌成立，至 1995 年的 8 年时间，是建馆初期阶段。在这个时期，配合先农坛拜殿古建修缮的完成，举办了"中国古代建筑技术发展简史"展，开展了专项展览征集工作。经过艰苦努力，征集到一批大小体量不同的文物，征集品约占全部馆藏文物的三分之一。但以明清时期的建筑构件居多，且不成系列。征集品质地以木质、陶质（砖瓦）为主。征集品中较为重要的有：北京明代隆福寺藻井构件（1993 年开始修复，分别于 1994 年、2011 年修

隆福寺藻井修复座谈会

著名古建筑专家单士元先生（左）、杜仙洲先生（中）、于倬云先生（右）在
"北京隆福寺藻井吊装研讨会"上发言

复完成）、清堂子琉璃影壁砖雕构件、北京明代景德街牌楼构件、明初"洪武"款南京城砖，辽代沟纹砖，战国井圈等。这个时期的征集工作因缺乏国家专项经费支持，加之征集宗旨体现为"涵盖所有涉及中国古代建筑内涵的构件、饰件"，虽然对于刚刚成立的博物馆藏品数量有一定补充，但是属于全国范围内的大规模征集，难以长期持续。

奠定博物馆重要馆藏的征集品，首推北京明代隆福寺藻井构件。

明代的隆福寺，是北京明清皇家香火寺院，明代为藏传佛教与汉传佛教同属寺院，清代改为藏传佛教寺院。历史上，隆福寺以民间庙会的兴旺闻名于京城的。该寺因年久失修，1976 年大地震时古建濒危倒塌，在众多文物专家建议下，将寺院正殿万善正觉殿明间内的藻井、后殿毗卢殿藻井完整拆下，在古建专家马旭初的努力下，将藻井主要构件临时存放于北京西黄寺，天宫藻井星象图井顶盖先是存放于首都博物馆，后又流转到北京天文台东台（古观象台）。1989 年，北京市文物局发动全局工作人员义务劳动，将存于西黄寺的藻井构件搬运至北京古代建筑博物馆保存，从此成为重点馆藏品。1993 年，馆里决定修复万善正觉殿明间藻井，经向北京市文物局申请专项修复款后，耗费一年时间修复完成。修复藻井遵循"可识别"原则，旧有部分保留原始状态，只进行除尘，局部采取化学保护；修复部分参照 20世纪 30 年代梁思成先生的历史照片，使用松木对缺失破损处雕刻修补复原，保留木质本色，不做彩画，只罩防尘清漆。这样既符合文物修复的通行原则，又通过修复向人们诉说着文物历经的沧桑，富于历史的凝重感。藻井经过初步吊装设计，高架吊装于由四根木柱支撑起的局部景观架内，暂时存放于先农坛太岁殿西侧稍间。

1999 年"中国古代建筑展"布展期间，经过专家论证，将这组藻井移至西次间，复原了藻井周围的部分天花及彩画。从此，隆福寺万善正觉殿明间藻井成为北京古代建筑博物馆镇馆之宝，永久展出。经 1995 年北京市文物局组织的文物鉴定，该藻井为国家一级文物，也是北京古代建筑博物馆首个上级馆藏文物。

旧城改造抢救性征集时期

肇始于 20 世纪 90 年代初期的旧城改造，是改变老北京城城市面貌格局的重要时期。伴随着旧城建筑的大面积拆改，北京四合院民居建筑文物大量消失，北京古代建筑博物馆及时调整了建馆初期的征集思路，把"立足北京、展示北京"作为这一时期征集工作指导思想，开始为期五年的旧城改造抢救征集。

这一工作主要历经两个阶段。

第一个阶段，1995 年—1997 年的城四区旧城范围四合院民居建筑文物的调查。调查主要依据北京市文物局文物处提供的旧城危改区拟保护文物的名单进行，逐区逐片徒步调查拍照。在前述名单基础上，结合北京古代建筑博物馆的实际馆情，把体现四合院民居文化内涵的所有品类文物统一纳入调查范畴。以往忽视的文物品类，通过这个阶段调查基本摸清现存数量与品种，例如门墩、门楼砖雕、槛联门、石敢当等，拍摄了上千张照片，作为下一步征集的依据。

第二个阶段，是抢救性征集，1996 年秋开始，2001 年春结束。在调查研究的基础上，对马上面临拆除或改造的四合院建筑文物开展有重点、有计划的征集。经过努力，这一时期征集的文物数量占馆藏半数（约 300 余件），其中以石质文物为主（这类文物在以往的馆藏中数量少），极大丰富了文物品类，也开拓了今后研究的视野和思路。

旧城改造抢救性征集时期的文物征集收效巨大，仅上等级文物一项，全馆 22 件（套）上等级文物中就有 16 件（套）来源于这个时期，其中元代缠枝莲纹汉白玉石栏板、元代角石等尤为珍贵，补充了馆藏早期文物的空白。

这一阶段文物征集工作的一大特色是，大力开展群众捐献活动，发动市民为博物馆捐献了不少较为珍贵的文物。例如汉代柿蒂纹空心砖，清代嘉庆年款、同治年款金砖等。为此，1997 年秋成立了"文物之友"组织，主要由为博物馆捐献文物的市民组成，定期开展文物交流与信息沟通，不仅丰富了文物征集工作的思路，也取得了较好的宣扬文物保护、爱护文物的社会效益，出现不少热心文物事业的文物之友，如常自强先生（常自强先生逝世前于 2000 年秋，为北京古代建筑博物馆捐献了 64 张清代地契文书，属于北京古代建筑博物馆独具一格的纸质类文物）。"文物之友"前后组织活动 5 次，对北京古代建筑博物馆在旧城改造时期取得的文物保护成就起到重要宣传作用。

这一阶段文物征集工作的另一特色是，虽然征集品年代多集中于清代，但已经体现出征集品初步呈现系列化的面貌，其中以门墩类文物品种较为丰富。

2008 年至今的文物价值深入研究挖掘期

文物价值的深入挖掘，是发挥文物历史价值、艺术价值的重要渠道。进入"中国古代建筑展"改陈准备阶段，对以往征集的馆藏文物重新审视，充分调用展陈手

进行旧城改造危改区文物抢救性征集

进行旧城改造危改区文物抢救性征集

进行旧城改造危改区文物抢救性征集

段加以展示，是摆在文物工作者面前的重要工作。通过梳理馆藏文物，发现原收藏的北京隆福寺藻井中，有相当数量构件未能有效整理利用，如原隆福寺后殿毗卢殿明间藻井的井盖明镜，一直作为展出中的独立小木作文物使用，忽视了将之整体使用、展示的效果。经查对，该组藻井的大部分构件以不同名称散存于馆中，文物的整体观赏性未能得到发挥。2011 年借改陈的关键时期，博物馆向北京市文物局申请专项经费 100 万余元，专门用于整理拼对该组藻井，经北京古代建筑研究所实测设计后，于当年成功实现吊装，成为改陈后的"中国古代建筑展"新增展品之一，且顺利通过国家一级文物鉴定，成为这个时期入藏的重要上等级文物。同时修复成功的还有原隆福寺前殿万善正觉殿次间藻井等（同时鉴定为两件套二级文物），亦成为"中国古代建筑展"新增展品。

2013 年，博物馆又对 1989 年抢救进馆的清代堂子琉璃影壁花芯砖雕、2006 年征集的清康熙黑白木刻版《耕织图》进行鉴定，分别定级。至此，摸清了馆藏文物家底。

文物建档

文物建档工作开始于 2008 年，按照北京市文物局的要求对馆藏一、二、三级文物建立专档，并于 2010 年完成。在此之前，馆藏文物的登记以建馆初期的纸质总账草账、1993 年开始的馆藏文物分类账进行。2008 年在上级文物建立专档工作的同时，按照国家文物局要求，统一对所有馆藏文物建立大账，使用国家文物局审核规定并下发的纸质大账本登录馆藏文物。

随着电脑时代来临，馆里也逐步开展馆藏文物电脑账目管理。1997 年，初步尝试电脑管理操作。2001 年北京市文物局下发首批文物管理专用器材（其中包括电脑）和首个文物管理软件"精宝"，用于馆藏品的登录管理。2006 年，设备更新后，管理软件也升级为"易宝"。2010 年设备再次升级更新。开始于 2013 年秋季的全国可移动文物普查，也推动了博物馆藏品管理工作迈上新台阶。

目前，馆藏文物计 699 件（套），其中一级文物 2 件（套），二级文物和三级文物各 10 件（套）；馆藏文物实现了纸本账与电子账双重管理。

馆藏模型

北京古代建筑博物馆，作为全国第一座以展示中国古代建筑技术和艺术为主题的科普性质博物馆，因受到建筑不可移动性的客观因素所限，不可能把中国古代的单体建筑、群体建筑作为展品直接陈列于博物馆之中。而代之以一定比例的建筑模型作为展品，向观众普及中国古代建筑知识，则成为主要展示手段和博物馆遵循的重要原则。博物馆建馆 30 余年以来，依托大型专题展览和基本陈列，制作了大量精美的、在中国古代建筑史上具有代表意义的古建模型。

1987 年至 1990 年的建馆初期，为了配合先农坛太岁殿院的落架修缮工程，及时把北京古代建筑博物馆的基本研究成果面向社会进行展示，博物馆决定在先期竣工的先农坛拜殿举办"中国古代建筑技术发展简史"专题陈列。虽然后来该陈列未向社会公开展出，只作为文博界内部交流，但为此向山西古代建筑研究所等中国古代建筑专业研究单位定制了大量以楠木、樟木等名贵木材为质地的，比例为 1：10 的中国古代建筑模型 20 余座。它们基本涵盖了以山西为代表的现存早期中国古代单体建筑精华，如山西应县佛宫寺释迦塔（应县木塔）、山西芮城元代永乐宫三大殿、山西太原晋祠圣母殿、山西五台山南禅寺、山西五台山佛光寺东大殿、山西万荣飞云楼、山西朔州崇福寺弥陀殿等，也有北京故宫角楼、浙江湖州飞英塔等其他地区的古代建筑精品，以及贵州侗族鼓楼、贵州侗族风雨桥等少数民族建筑，浓缩体现了中国古代建筑的精美与结构技术的精湛。

这一时期，博物馆还自制了一些建筑模型，以提升展出效果，代表性模型如天坛祈年殿、安徽老屋阁等。这些模型因其体量巨大、难以搬运维护，在20世纪90年代中期被陆续拆除或者转让。

1993年，为了较好地展示北京这座历史文化名城，向社会宣讲北京丰富的历史文化，同时也为响应著名古建专家、原北京故宫博物院单士元副院长提出的"把故宫午门陈列的中国古代建筑专项陈列中的大型展品在北京古代建筑博物馆继续发挥作用"的建议，博物馆仿制了原陈列于故宫午门的1949年老北京沙盘模型，1999年陈列于先农坛太岁殿东侧展厅。经过2003年、2004年的方案研讨和申请专项拨款，2005年沙盘模型重制。至2011年"中国古代建筑展"改陈，该模型一直作为重点展品在馆内发挥着不可替代的重要作用。

1994年，博物馆借向贵州镇远青龙洞文物保管所送还借展展品之机，委托其制作了广西程阳风雨桥、贵州侗族鼓楼模型。

1998至1999年期间，为了配合首次"中国古代建筑展"布展，博物馆决定补充制作一批体量较小的单体建筑模型或群体建筑模型，如福建土楼模型、河北正定隆兴寺群体建筑模型。

馆藏模型：山西运城永乐宫重阳殿

118

馆藏模型：甘肃兰州西津桥

馆藏模型：福建泉州开元寺大雄宝殿

馆藏模型：1949 年老北京沙盘模型

1949 年老北京沙盘模型局部

2012 年开始，为了配合推出中国古代建筑类型专项系列展（"中华"系列专项临展），配套制作了大批使用 PVC 等塑料材质的模型展具，包括古牌楼、古桥、古塔、北京四合院门楼等。2016 年推出"中华古亭展"，制作了北京故宫千秋亭模型、天坛双环亭模型，填补了馆藏模型中没有"亭"这一建筑模型的空白。

三、社会教育工作

（一）社会教育工作开展的历程、理念

社会教育是博物馆的重要职能之一，即通过各种配合展览的知识讲解、丰富的科普活动等文化内容，来达到服务社会和教育公众的目的。

北京古代建筑博物馆的社教工作，注重日常讲解接待和对观众的服务。社教工作人员根据观众的需求，特别是青少年教育工作的要求，依托对传统建筑文化和先农坛的历史文化价值的深入研究，开展了一系列文化教育活动，着力向广大观众朋友提供专业的古建筑知识和普及性的古建筑文化常识，满足不同的社会需求。同时，在先农坛保护的基础上，通过举办活动使观众感受到我国自古以来尊农、重农的文化传统，在树立尊农、爱农观念的同时，也传承着重农固本、可持续发展的思想。服务社会、教育公众，始终是北京古代建筑博物馆社会教育工作的目标。同时，利用传统媒体平台和新兴的网络平台进行多种形式的宣传，扩大博物馆的影响力。

北京古代建筑博物馆的社教工作，既体现了博物馆不同的职能侧重，也彰显了博物馆服务公众和现代化建设的进程。尤其是近 10 年来博物馆在推动"智慧博物馆"建设工作上取得了长足的发展，信息化建设已经成为博物馆日常办公、展览展示、服务接待、宣传交流的重要手段。

（二）建馆初期的社教工作

涵盖了北京古代建筑博物馆成立至 1995 年。这一时期，通过和多所学校的合作，以"中国古建筑知识竞赛"等形式举办古建知识普及活动。1993 年北京古代建筑博物馆成为"北京市青少年教育基地"。随着博物馆建设不断推进，社教工作拥有了更多的资源依托，各种内容和形式的科普活动成为新的社教方式。同时，注重了区域性文化交流与合作，开展了系列知识讲座和古建筑主题的摄影比赛等活动。这些工作在当时比较困难的条件下，尽己所能地提升了博物馆的影响力，扩大博物

馆知名度和观众对古建文化的关注度。

1994年起，作为青少年教育基地和爱国主义教育基地，北京古代建筑博物馆更加注重优秀传统文化交流活动，提升青少年的爱国热情，弘扬中华传统美德。博物馆陆续举办了一系列爱国主义教育主题活动：如举办了针对青少年的专题展览和青少年冬、夏令营活动和青少年收藏活动。通过了解历史活动，培养青少年的收藏兴趣，传播文物知识。

这一时期还在青少年中大力开展保护历史文化遗产的宣传和活动，成立"青少年文物保护小分队"，举办"博物馆之友"联谊会，将社教活动开展得有声有色。

（三）20世纪90年代中期至21世纪初的社教工作

这一时期，随着先农坛古建筑群落保护修缮的日臻完善，社教工作开始承办一些与建筑主体相关的文化活动，同兄弟博物馆协会和北京市科学技术协会紧密合作，开展传统建筑知识的社会宣传教育活动，并多次荣获年度北京市青少年教育基地组织活动奖。1997年在报国寺参与"重展城墙雄姿、恢复古都风貌——爱北京城、捐城墙砖"展览，以后又在全市巡展。1998年，博物馆为筹备参与世界建筑师大会活动，设计制作了"中国古代建筑小广角""奇妙的中国古代建筑""城市建设与文物保护"三个小型展览入选科普画廊展出，之后还进行了各区县巡展。

2000年，博物馆被命名为"青少年科普教育基地"。同年5月至10月间，利用每月的前两个星期的双休日，博物馆举办了"专家科普讲座"；设立"木艺坊"模型互动拆装操作间，作为青少年课外科普实践园地；开展并完善志愿者工作，在规范管理的基础上，也为大家提供良好的服务；继续开展青少年冬、夏令营活动。博物馆不断推进同共建单位间的合作，围绕先农坛古建筑群落的优势和古树环绕的环境开展了系列活动。博物馆还积极开展科普教育进校园、进社区活动，2003年开始参与西单科普画廊建设工作，陆续展出"油饰彩画——中国古代建筑的防护衣"和"建筑的骨骼——房屋的梁架"。2004年随着"保护人类遗产，关注名城、名镇"活动的启动，北京古代建筑博物馆作为协办单位，成为艺术节的分会场之一。

这一时期，社会教育工作更加注重"引进来"和"走出去"，即引进了多项特色临展，开展了系列文化宣传活动。2004年，北京市旅游局、宣武区人民政府，在先农坛共同举办了由中外艺术家参加的北京国际旅游文化节系列活动——"激情奥运、再现古今绝技"。2005年，古建科普展在澳门举办，而后开始在多所大学校园

青少年文物保护小分队在清扫展区

"博物馆之友"座谈会

进行建筑主题科普巡展，反响热烈。2006 年"走近中国古代建筑"科普展览，走进西城区中小学校园，在西城区 32 所市、区级科技教育示范校巡回展出，为期半年。2007 年北京古代建筑博物馆成为北京市首批青少年学生校外活动基地。作为首家市属博物馆参与香港理工大学"首选毕业生"培育计划，为该校两名学生提供为期 40 天的实习工作岗位。

博物馆与育才学校积极开展共建活动，利用博物馆的资源优势，特别是以先农文化为依托，与学校共同开发实验教材，推进校本课程的编制与实践，使博物馆真正成为青少年社会大课堂。

这个时期，博物馆还与大中院校合作密切，为学生提供教学实践的第二课堂。第二课堂成为延续至今的重要社教工作之一。

（四）2008 年以后的社教工作

这一时期，北京古代建筑博物馆开始协助天桥街道举办"祭先农、识五谷"活动，利用清明传统节日对青少年进行中国传统文化教育，并成为品牌活动。在 518 国际博物馆日继续开展文物鉴定活动并举办公益性讲座，并开展一系列科普活动。

迎奥运举办室外专题展

博物馆积极倡导和配合北京市教育委员会启动的"社会大课堂教育"活动，继续与多家学校开展活动，为学生提供教学实践基地、互动课堂以及开展爱国主义教育活动。

2008年设计制作"巧搭奇筑藏奥秘——中国古代建筑中的力"和"农神在世界的足迹"科普展。2010年，"沈阳故宫建筑艺术展"制作完成并在北京古代建筑博物馆展出。同年，开辟"先农坛青少年农耕科普实验园"，作为同学们科学实验课程，加入学生课改内容。2011年，青少年科普园活动和"根与芽"环境教育项目北京办公室合作，组织学生定期到科普园进行播种、修护及观察活动。2012年，本馆围绕先农坛历史文化元素，开展一系列科普讲座。

2013年制作"北京的坛庙"、"春华秋实 亲密之旅"、"先农坛的故事"展览。由鸦片战争博物馆和北京古代建筑博物馆联合主办的展览"虎门销烟"系列活动——"铭记历史，禁绝毒品"形象报告会在故宫博物院、国家博物馆和北京育才学校成功演出。2014年荣获"第二届北京阳光少年文化节优秀组织奖"。2015年"华夏神工"古建筑科普展示分别走进西城区第一图书馆、西城区第二文化馆和北京大学附属中学，并设计制作了"华夏神工"古建筑科技展示项目。同年举办"雕梁画栋 溢彩流光——中华古建彩画展"赴北京市密云县博物馆巡展。"中华古塔"赴正阳书局巡展。2016年"华夏神工"临展送进军营，组织北京育才学校学生来北京古代建筑博物馆的农耕科普园种植百草，面向全市中小学生推出《北京古代建筑博物馆学习手册》，这些活动开展得有声有色。

这一时期，北京古代建筑博物馆还加强了同媒体的合作，扩大博物馆影响力，继续完善开放接待工作，推动博物馆志愿讲解服务的有序运行，并为志愿者提供内容丰富的讲座和培训活动。开放接待工作中不断完善票务工作，开通多途径观众购票，完成多次票务改版工作。

信息化工作。北京古代建筑博物馆信息化建设工作，始终围绕着博物馆日常办公、展览展示、服务接待、宣传交流等方面开展。它涵盖了博物馆数字化建设、数字影像资料的记录；各项数字化项目的开展、建筑和文物的数字化保护；网上宣传、电子设备的维护；网络的维护、官方网站、微博、微信的制作、发布和维护更新；日常活动的数字影像服务等多项内容。

信息化工作亦伴随着数字化技术进步，可以分为两个大的发展阶段。

专家讲座

专家讲座

小学生在馆内举行活动

走进社区进行古建知识宣教

第一阶段是指建馆后到 2008 年期间。随着数字化技术的不断进步，信息化建设是博物馆未来发展的必由之路已经成为业界共识。于是，在条件并不完备的状态下，先期开展了一系列探索。2002 年制作古建博物馆多媒体演示"古建中的力"。2004 年委托设计制作了基本陈列展厅的触摸屏，加强了观众的互动体验。2006 年，博物馆加入了中国博物馆学会数字化专业委员会。2006 年 12 月，北京古代建筑博物馆官方网站创建。

随着互联网技术、计算机技术和各项信息化建设领域的不断发展，更多的技术应用可以实现。北京古代建筑博物馆在 2008 年前后开始着手建设博物馆信息化工作部门和专业化人才队伍，将博物馆信息化建设工作作为博物馆日常业务工作内容之一。

第二阶段是自 2009 年至今。实现官方网站的全新版本独立开发、运行维护，全部技术力量由博物馆工作人员独立承担。2010 年—2011 年与北京建筑工程学院联合进行"老北京沙盘扫描"工作和"太岁殿院落三维扫描"工作。2011 年完成办公及展厅网络环境改造。2012 年再次独立完成官方网站第二次改版升级工作，完成

志愿者在讲解中

虚拟漫游先农坛系统项目，对博物馆展览空间、环境、建筑以及重点展品进行了影像扫描，并将成果在官方网站上运行。2012 年 5 月 25 日官方新浪微博正式开始运营，由博物馆独立运行维护，扩大了宣传途径。2015 年配合北京市科学技术委员会完成三维场景拍摄工作，同年与歌华有线签订"我的北京"无线开放项目合同，开展相关工作。2016 年 3 月 9 日，官方微信正式开通上线运行，实现了移动端的宣传与交流，为深入扩大博物馆宣传提供了保障。2016 年完成"链景 App"景区导览相关工作，使讲解工作在网络中得到宣传，扩大了受众范围。同年，利用北京市教育委员会资金，完成"青少年 App 互动项目"工作，又增加了一项展厅互动项目。

博物馆数字化环境的不断加强，改善了博物馆开放接待，提升了博物馆参观体验。

四、研究工作

博物馆的研究工作是业务工作的核心内容之一，是体现和衡量博物馆业务工作水平的重要方面，也是体现博物馆业务工作者自身专业素质的重要窗口。研究工作的开展，直接关系到博物馆事业的进步和在业界的影响力。

建馆 30 年来开展的研究工作，按照最终的成果形式，分为专项研究和一般性研究。其中专项研究又分为申报科研课题和未申报科研课题两类。

申报科研课题的专项研究

建馆以来申报科研课题的专项研究共有三项："北京先农坛史料汇编""北京城四区旧城范围内四合院建筑文物调查与研究""北京先农坛部分匾额复原"，均为北京市文物局局级课题，开展时间分别为 2000 年—2002 年（2003 年元月提交结题报告）、2006 年—2007 年（同年 10 月提交结题报告）、2014 年（同年 11 月提交结题报告）。

1992 年，受馆里委托，保管部开始查阅本市各大图书馆馆藏文献资料，历时 1 年多。尔后，资料整理工作时断时续，前后延续了 8 年之久，其间又有补充。2000 年春，"北京先农坛史料汇编"开题，召开课题论证会。到会专家充分肯定了早在 1995 年商定的体例方案。通过对史料整理编纂，纠正了以往几处关于先农坛历史的错误观点，厘清了先农坛历史发展脉络，尤其是清晰了坛区建筑变迁沿革，为日后

"北京先农坛历史文化展"打下了资料和素材基础。2007 年 5 月，经过几年对史料的再次整理甄别后，《北京先农坛史料选编》汇集成册出版。该书成为北京古代建筑博物馆第一部资料性学术专著。

随着北京旧城危改区建筑文物征集工作告一段落，对前期征集到的大量文物素材进行整理、研究，便成为工作发展之需。北京古代建筑博物馆于 2005 年向北京市文物局申报"北京城四区旧城范围内四合院建筑文物调查与研究"的局级课题。2006 年开题，2007 年结题，同年年末提交结题报告。该课题将调查中查明的、属于北京四合院的建筑文物，进行了分类、器型描述以及民俗学内涵的挖掘和整理。课题所涉及的北京四合院建筑文物较为广泛，包括门墩、砖雕、楹联门、石敢当等城四区中尚存有一定数量的文物。因此，该课题被北京市文物局认定为"填补局系统文物研究空白的课题"。课题组特聘著名四合院研究专家王其明教授为课题顾问。课题完成后形成了专著《日下遗珍——北京旧城四合院建筑文物研究》，于 2016 年5 月出版。

随着北京先农坛古建筑修缮工作的结束，古建筑原有的室外挂匾恢复提上日程。在 2007 年初步调研基础上，2013 年 10 月向北京市文物局申报"北京先农坛部分匾额复原"局级课题。该课题的主要目的，是在参照历史资料的基础上，经过匾额专家论证，恢复北京先农坛太岁殿、拜殿、庆成宫、神仓圆廪室外挂匾及具服殿室内挂匾。专家论证的结果：在参照历史照片图片和比对同类性质建筑挂匾的基础上，确定太岁殿、庆成宫为描金九龙边磁蓝地子陡匾；拜殿、神仓为描金云头磁蓝地子陡匾；具服殿室内匾为壁子匾；以上几处牌匾进行复原设计、制作，实施悬挂：先农坛东门"先农门"匾（描金边云头磁蓝地子陡匾）、具服殿民国室外匾（黑地金字隶书"诵豳堂"横匾），只进行复原设计，不制作、不悬挂。

未申报科研课题的专项研究

北京古代建筑博物馆建馆以来，馆内科研人员通过自身努力，开展了一系列未申报科研课题的专项研究，逐步完善了北京先农坛历史文化研究的思路和格局，取得可喜成果。

随着《北京先农坛史料选编》的出版，北京先农坛历史文化内涵的研究逐渐深入，经馆内部分业务人员多年研究、采用多种方式，撰写出版了《北京先农坛研究与保护修缮》（2009 年）、《先农神坛》（2010 年）、《北京先农坛》（2013 年）、《先农坛百问》（2015年）、《回眸盛典——解读清雍正帝先农坛亲祭图、亲耕图》（2016年）、《先农崇拜研究》（2016年）等。这些成果从先农坛建筑发展史、先农祭祀礼（典章制度）发展史、北京先农坛建筑技术、先农文化对世界文明的影响，及其在世界古代农业文明中的地位等方面，探索先农坛历史文化，对先农文化的内涵等问题给予了解答。今后的研究将在已有研究成果基础上继续进行深入挖掘，解决一些点状的疑难性问题。

北京古代建筑博物馆建馆以来，还通过考察中国古代农业文明主题，扩展了农文化理念，加大了研究外延。2015年初出版了《北京先蚕坛》。这是针对北京先蚕坛这座清代皇家坛庙的首部研究专著，对中国古代父仪天下的先农之祭、母仪天下的先蚕之祭做出对比性研究，阐释了先蚕崇拜的文化内涵，一定程度上厘清了此前有关这一历史文化研究中的含混认识。

一般性研究成果

北京古代建筑博物馆建馆以来，曾集中组织全馆人员开展研究和写作。

1995年，为了调动馆内业务人员从事研究写作的积极性，馆领导经与《北京文物报》（非公开发行行业刊物）商谈，利用该报年内一整版，作为北京古代建筑博物馆业务人员文稿专版。业务人员积极投稿，形成了馆内第一个大家热衷于写作研究的时期。

1999年，随着第一次"中国古代建筑展"的开展，博物馆购买了《中国文物画刊》同年内的一期版权，作为北京古代建筑博物馆专刊，刊登介绍先农坛和介绍基本陈列的文章数篇。

2011年，正值基本陈列改造"中国古代建筑展"的工作临近结束，业务人员通过改陈的全程不仅积累了相当的专业知识，也对既有专业知识进行了一定梳理，对博物馆的基础研究和扩展业务工作等方面也有了自己的考虑，需要及时地加以总结。为此，馆里决定编辑《北京古代建筑博物馆文集》，作为对此次改陈的全面总结。

2014年以后，北京古代建筑博物馆迎来了历史上大规模集中研究写作时期。

随着2014年春"先农坛历史文化展"开幕，馆领导认为北京古代建筑博物馆经过近30年建设发展，已经到了稳定持续推进各项博物馆事业的阶段，需要大力推进、提倡、加强业务研究。为此，馆领导不仅决定成立北京古代建筑博物馆学术委员会，聘请古建界、文物界、坛庙研究界、科普界等 10 余名专家为北京古代建筑博物馆今后业务工作发展献计献策、为研究工作起到参谋指导作用，同时决定创办馆刊《北京古代建筑博物馆文丛》，考虑到北京古代建筑博物馆业务工作的实际情况，拟定"中国古代建筑研究、坛庙研究、建筑文物研究、博物馆学研究"四大内容项并进行征稿，以年度为集编辑出版。该文丛的编辑出版，为广大博物馆人员科研写作提供了重要平台，发挥了重要作用。文丛开办三期以来，业内大量知名专家学者参与其中，在提高北京古代建筑博物馆对外宣传力度、提升知名度的同时，也成为业务人员与业内专家研究互动的重要学术交流园地。

五、科普活动

2002 年，北京古代建筑博物馆根据北京市科学技术委员会的要求，结合以往开展的相关科普工作，制作了"古建中的力"科普展览，还有可以供观众亲自拼装的古建筑模型，并参加了在民族文化宫举办的北京市青少年科普周活动，受到广大观众的欢迎。在此基础上，2003 年北京古代建筑博物馆科普工作小组（简称科普小组）成立，旨在进一步普及中国传统建筑文化、大力推进北京古代建筑博物馆科普宣传。这是北京古代建筑博物馆首次跨越部门的界限，专门为古建科普工作成立的专题工作小组，成员共 4 人。科普小组成立后，开展了一系列科普宣传工作，为博物馆的科普工作开辟了更广阔的平台，也受到了观众尤其是青少年观众的喜爱。

2003 年在北京市科学技术协会的邀请下，北京古代建筑博物馆科普小组在西单十字路口的科学园地——西单科普画廊，推出了"油饰彩画——古建筑的防护服"科普展，向观众普及中国古建彩画知识，并取得了很好的社会效益。次年，又推出了"木构建筑——支撑奇迹的骨骼"科普展，为观众形象地展示中国古代建筑"墙倒屋不塌"的独特理念。

随着工作的不断深入，在简单的图片和文字基础上，科普小组又开发了许多可以让观众动手拼装的古建筑模型，如古亭、古桥、斗拱、抬梁式建筑等。观众可以通过展览和互动展项更形象地了解中国古代建筑的奇思巧构。2004 年在中华世纪坛举行的北京青少年科技博览会中，北京古代建筑博物馆制作的"体验古建筑的神奇、探求古建筑的奥秘"科普展览与互动项目相配合，使观众对中国古代建筑有了更深

在"木艺坊"（古建科普专题活动室）举办活动

一步、更直观的了解，将枯燥的古建筑知识变得有趣味性，展览和互动活动吸引了很多家长和孩子们前来参与。

2005年，受中国科学技术交流中心、北京市科学技术委员会委托，博物馆在澳门综艺馆"体验科学"中华古代建筑展区内，举办了中国传统建筑科普互动展"华夏神工"。整个展览通俗易懂、科普性强，赢得了极大的好评，许多家长都把参观当作送给孩子的一次快乐体验，古老的建筑令他们大开眼界。

2006年，科普小组利用数字媒体传播中华传统建筑知识，设计开发了《中华古建知识之旅》互动科普光盘，并在2007年获得了第一届中国出版政府奖电子出版物提名奖。这也是北京古代建筑博物馆第一个科普数字化产品。

2008年，为迎接北京奥运盛会的举办，推动传统科学文化知识的普及，以人文奥运理念体现传统文化的和谐思想，受北京市可持续发展科技促进中心委托，使用市财政专项拨款，利用北京古代建筑博物馆宰牲亭院落，推出了室内"巧搭奇筑藏奥秘——中国古代建筑施工中的力"和室外"巧夺天工构筑奇迹"两个科普互动展。该展览作为多年科普宣教活动的精华浓缩，受到观众的欢迎。

2008年奥运会后，科普工作调整为社教部负责，科普小组解散。

"2002 年北京科技周"北京古代建筑博物馆展位现场

日本友人在"2002 年北京科技周"进行互动

"北京古代建筑博物馆科普工作小组"成员

香港"2005 年科技活动周"活动现场（举办"华夏神工"中国古建筑科普展）

中学生在体验科普项目（"华夏神工"临展，北大附中）

六、文化创意工作

（一）文化创意产业在博物馆中的作用及时代背景

文博创意产业作为博物馆公共文化服务的组成部分，是文化遗产资源有效利用的重要表现形式，是传承优秀历史文化、弘扬社会主义核心价值观，树立文化自信的重要体现，在博物馆的文化传播功能拓展过程中发挥着不可替代的作用，它与观众的生活紧密相关，更具实用性、亲民性，为博物馆与观众的沟通和交流起到了重要的辅助作用。

2008 年开始，我国陆续出台《关于全国博物馆、纪念馆免费开放的通知》《国家文物博物馆事业发展"十二五"规划》《博物馆事业中长期发展规划纲要（2011—2020 年）》《博物馆条例》《中共中央关于深化体制改革、推动社会主义文化大发展大繁荣若干重大问题的决定》及《关于推进文化创意和设计服务与相关产业融合发展的若干意见》等一系列促进博物馆文化产业发展，鼓励博物馆文化产品开发的政策规划文件。2016 年，国务院办公厅转发文化部等 4 部委《关于推动文化文物单位文化创意产品开发若干意见》，国家文物局拟订了《贯彻落实国办转发〈关于文化文物单位文化创意产品开发的若干意见〉实施方案》，召开"全国文博单位文化创意产品开发工作推进会"，并于 2016 年 11 月印发了《关于公布全国博物馆文化创意产品开发试点单位名单的通知》。这一系列利好政策的出台，不断为博物馆松绑，为博物馆文创产业的发展助力护航，提供了有力支持，奠定了坚实的基础，明确了今后发展的目标、步骤和要求，极大地促进了博物馆文创事业的有序发展，拉开了国有公共文化服务单位主动开发文化创意产品的序幕。

（二）文创产品研发方向

北京古代建筑博物馆文创开发工作主要围绕两个主题，一是先农坛历史文化；二是中国古代建筑文化。依据先农文化开发文创是北京古代建筑博物馆的一项特色。古建文创开发内容范围广，信息资源量大。中国古代建筑内容跨越了几千年的历史，不同地域、不同民俗具有不同的文化特点。博物馆利用和围绕着这些重要资源，开发了独具特色的博物馆文创产品。

（三）文创工作发展

产品开发

随着博物馆的发展，对拥有能够反映博物馆自身特色的纪念品需求日益迫切。2007 年开始尝试制作与北京古代建筑博物馆有关的纪念品。早期开发的种类不多，数量较少，每年 1～2 种，仅仅是作为博物馆展览及活动的纪念品。

2007 年，以先农坛建筑老照片为题材，制作了 3 种套装书签。

2008 年，馆内以先农坛建筑为主题，制作卷草龙咖啡对杯，杯子的材质选用白色骨瓷，单侧印卷草龙图案。卷草龙图案来源于先农坛内观耕台，乾隆时期建造，四周使用黄色和绿色的琉璃瓦砌筑，龙与卷草相互衔接，相互穿插，形成具有皇家与植物特点的先农文化元素。

2009 年，北京古代建筑博物馆制作了雨伞和无纺布环保袋，雾蓝色底色，伞边缘处印刷古建梁枋彩画图案，可折叠收纳成小型包。彩画是中国古代建筑中经常使用的一种装饰，起到保护古建筑和区分等级的作用，常常绘制在柱、梁、枋等处，通过雨伞与环保袋这一产品将古建彩画衬托得异常醒目。

2010 年，选用卷草龙图案制作了卷草龙的茶壶套装，壶与杯摆放时是一体的，上下可以分开，白色的瓷面上印有卷草龙图案。

2011 年，定制首饰盒，首饰盒是中式形式，鸡翅木材质，分为上下两层，内有装首饰的多种分隔，首饰盒全部采用榫卯结构，体现了中国古建筑中的木结构连接特点。

2012 年，制作瑞谷图刺绣挂屏。《瑞谷图》原为清郎世宁所绘。雍正四年，全国五谷丰登，雍正皇帝令大学士张廷玉传旨，清朝御用画师、意大利传教士郎世宁作《瑞谷图》，雍正五年八月二十二日，雍正皇帝颁示《瑞谷图》，并降旨曰："今蒙上天特赐嘉谷，养育万姓，实坚实好，确有明征，朕祗承之下，感激欢庆，着绘图颁示各省督抚等。朕非夸张，以为祥瑞也。自兹以往，观览此图益加儆惕，以修德为事神之本，以勤民为立政之基。"雍正皇帝特为此颁布上谕，视瑞谷嘉禾为吉祥的征兆，谕旨末端钤"敬天勤民"宝玺，并将此图颁示各省督抚等。这就是《瑞谷图》背后的历史。因此，馆里决定制作《瑞谷图》刺绣挂屏作为文创产品。在同年第十届"北京礼物"旅游商品大赛中，《瑞谷图》刺绣挂屏荣获文博旅游商品类银奖。

2014 年，在馆领导的鼓励下，馆内设计人员提供创意思路和建议，探讨以古建为主题的文创思路，共设计开发了不同类别 40 余种产品，包括生活用品、文具用品等具有实用功能和欣赏性的产品。

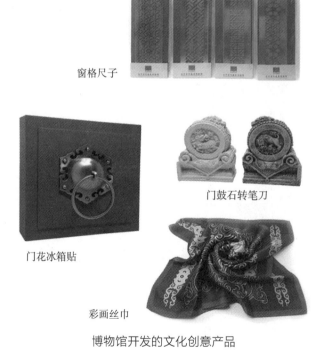

窗格尺子

门鼓石转笔刀

门花冰箱贴

彩画丝巾

博物馆开发的文化创意产品

　　文创工作还紧紧结合馆内的临时展览，为中华展览系列如"中华古建彩画展"设计产品。同以往的区别是，文创产品的开发设计已经成为体系，冠有主题设计，并且在知识的解读说明上具有研究性，从知识传播角度来看，具备专业知识解读，起到普及推广的作用。如设计的彩画主题，可以按照时期分为宋式彩画、明式彩画、清式彩画；按照部位来分，可分为梁枋、橡头等。不同特征的彩画适合不同的产品，经过反复的推敲、不断的改进，做了彩画特色行李牌、钥匙扣、穗子书签、便笺本、磁性书签、荷叶墩U盘、丝巾、铅笔等产品。图案的设计以不同时期的彩画为基础。如北京智化寺梁枋上的明式彩画、北京隆福寺明式彩画、青海瞿昙寺彩画，以及苏式彩画中的图案等，设计开发注重创意与实用性的结合，并配以生动的文字说明。这些产品被赋予了独有的文化个性，承载了深厚的历史文化信息，展现出较高的艺术品位。这一系列文创产品，作为"中华古建彩画展"不可或缺的组成部分，在具服殿、拜殿展厅同时展示，受到广大参观者的喜爱。

　　2015年，北京古代建筑博物馆继续推出中华系列展览——"中华古塔展"和"中华民居——北京四合院展"。"中华古塔展"展示了我国现存的古塔，并按照形式和功能做了详细的介绍，为此展览设计两款明信片文创产品；"中华古民居——北京四合院展"以北京地区四合院为代表，从四合院的发展、类型、装饰、风水几个主题介绍。结合此次展览，文创工作人员以四合院为主题，开发具有民居特色的系列文创产品，分别是抱鼓石转笔刀、泰山石敢当铜书签、门环冰箱贴、四合院鼠标垫，并为文创产品制作了精美包装，在展厅中一同展出，成为展览的一大亮点。此外，还为馆里设计了两款精美的窗格手提袋，红色和白色的海棠窗格图案。

　　2015年5月，"土木中华展"在法国利摩日展出，展期6个月。当时还携带了几个系列的多件文创产品，随展览一同展出。这是北京古代建筑博物馆首次将文创产品随同境外展出，浓郁的中国文化元素受到法国观众和海外华人的喜爱。

　　2015年文创设计开发15种产品，生产了12种产品。

　　2016年，文创产品仍以馆内临时展览的内容为主要开发方向，结合"中华古亭"展览设计的有：古亭团扇，图案选自明代谢时臣的《溪亭逸思图轴》书画；苏式彩画系列的便笺本，选取苏式彩画中梁枋中间包袱图案的内容，设计了人物、花鸟、风景等不同的题材；从古建筑构件上选用元素，设计了四神兽瓦当报事贴，故宫琉璃影壁鼠标垫、屋顶上的鸱吻冰箱贴、仙人骑凤玩偶，古建筑彩画隔热垫等20

余种。这些产品的开发丰富了馆内文创产品的种类，增加了设计形式和功能，更深入地挖掘了古建筑的文化内涵，做到细致和严谨。

文创工作机构和人员配备

博物馆早期并没有专职文创工作人员，纪念品的开发多结合展览，委托协作单位完成。2014年，为更好开展博物馆文创产品开发工作，在社教与信息部增设文创产品开发专技岗位，负责文创产品的自主研发。

（四）文创开发工作的展示、交流、培训学习

近些年来，北京古代建筑博物馆不断推出设计新颖的文创产品，为了更好地结合市场做出推广，在北京市文物局市场处的带领下，博物馆还多次参加各地举办的文创展示。

2015年10月，北京古代建筑博物馆参加了在中国国际展览中心举办的第十届北京文博会，文博会期间积极宣传了北京古代建筑博物馆的文创产品，做好展会的推广工作，产品受到观众的好评与认可。11月26—29日，参加京港博物馆资源合作洽谈会，与香港同行讨论文化产品事业的发展并学得很多经验。12月3日，赴广

观众在挑选文创产品

州参与第二届广州版权授权博览会，继续推广文创产品，宣扬中国传统建筑文化。

2016 年 9 月 15 日，参加由中国博物馆协会组织，在四川地区举办的第七届中国博物馆及相关产品与技术博览会。10 月 26 日，参加第十一届中国北京国际文化创意产业博览会。12 月 5 日，参加广州举办的第二届广州国际文物博物馆版权交易博览会，荣获最佳展示奖和十大最佳文博人气奖。

2016 年，荣获北京市文物局工会组织的创意无限第二届职工文化产品创意设计比赛的最佳组织奖，获得个人二等奖、三等奖。

第三节　古建筑的修缮与保护工作

一、先农神坛、观耕台的修缮和日常维护

（一）先农神坛修缮（1999 年 1 月）

现状勘察

先农神坛保存基本完好，但由于年久无人管理，未能得到妥善保护，坛台面砖受杂草的损伤，酥碱严重，致使坛台渗水，台帮砖砌体及条石严重歪闪，踏步阶条石变形，象眼儿缺损或无存。

修缮内容及技术要求

本次修缮为抢救保护性修缮，主要内容为：

台帮砖砌体整体依原样拆砌；归安踏步及台面阶条石，补配象眼儿；坛台面墁地方砖择砌，严重破损者更换，整砖裂缝者勾缝保留，施工中注意台面泛水；以台面外两米找出原地平并铺设散水，周边设排水系统；拆除台面旗杆砌体及周边临建（时为学校运动场构筑）。

（二）观耕台第一次修缮（1997 年）

1995 年底，北京古代建筑博物馆原营造设计部受北京市文物局的委托，对观耕台做了现状勘察，同时提出修缮方案。1996 年底，育才学校将文物建筑交付给文物管理部门。1997 年 4 月，北京市文物局批复观耕台的修缮方案并拨专款，观耕台维修工程正式开始。

修缮前的先农神坛

现状勘察

观耕台台面生有杂草，多处方砖丢失，致使雨水渗漏，须弥座砌体轻度走闪。另外须弥座及踏步象眼儿等处琉璃砖丢失或破损，汉白玉阶条石及栏板断裂，少数望柱头有丢失。

修缮内容及技术要求

1. 重新铺设台面，去掉旧有破损方砖，并找出原底层灰土，去掉草根等杂物，按照原有垫层重新铺筑夯实，以原尺寸补配残缺方砖，按原形式铺墁。操作过程中注意泛水走向。

2. 须弥座的维修。走闪严重者（如东南、西南角）重新归位砌筑，小缝隙处用传统灰浆灌缝并勾抹严实，严禁使用水泥。掉釉琉璃砖不再重新配制，破损严重致使结构受损者按原样重新补配。

3. 台座四周补做散水。

4. 阶条石、栏板断裂处用高分子化学材料粘补归安，踏步阶条石归安注意基础加固。

总结

观耕台于 1997 年开始修缮，当年完工，美国世界遗产基金会给予部分资金赞助。观耕台汉白玉石栏板周整体重新拆砌，望柱头掉落者，均用环氧树脂加石粉做黏合剂原位粘贴，对已丢失的参照旧有图案做了补配；台面调整泛水，重新海墁方砖，并将原建筑旧的可用方砖集中铺于台地面中部。

（三）观耕台第二次修缮（2010 年）

2010 年 8 月，北京古代建筑博物馆委托设计单位对观耕台进行保护工程设计，2010 年 8 月，经现场勘察后，提出保护工程方案。

现状勘察

观耕台须弥座外立面全用琉璃砖砌筑，常年在露天环境下，琉璃砖已经出现大面积表面崩釉，砖体风化酥粉严重。因观耕台没有屋顶，每逢雨季时，雨水直接下到台面上。虽然 1997 年重铺地面方砖，但是采用方砖透水率很高，这就使雨水直接渗入台体。到了冬季，台体内水分不能完全干燥，发生冻融破坏，这是造成琉璃砖表面崩釉，风化酥粉严重的主要原因之一。另外，因为观耕台与地面直接接触，雨季地下大量可溶性盐随毛细水富集到须弥座琉璃砖表面，再由溶液态转变成结晶态，产生极大的结晶压力，同样造成琉璃砖表面崩釉，砖体风化酥粉。

修缮内容及技术要求

疏通观耕台台面排水口。因 1997 年重铺的地面砖透水率较高，所以在方砖表面，做有机硅防水三道。对于表面风化酥粉严重的琉璃构件，采取抢救性保护措施，用正硅酸乙酯涂刷三遍。

二、具服殿修缮

（一）第一次修缮（1997 年 4 月—12 月）

现状勘察

1995 年底，北京古代建筑博物馆原营造设计部受北京市文物局的委托，对具服殿做了现状勘察同时提出修缮方案。1996 年底，育才学校将文物建筑交付给文物管理部门。1997 年 4 月，北京市文物局批复具服殿的修缮方案并拨专款，具服殿维修工程正式开始。

具服殿室内彩画基本完好，外檐彩画脱落严重。新中国成立后，具服殿多年失修，瓦面杂草丛生、多处漏雨，使大木及彩画均有不同程度的损伤。另台明阶条石松动，踏步严重变形。

修缮内容及技术要求

1. 揭宽屋面。瓦件拆除时要妥善保护，除严重酥碱外，一概原物使用。新配瓦件严格按现有尺寸形制制作。掺灰泥背，必须用黄黏土。苫背找囊均应分层操作，各道灰背厚度不许超过 20 厘米，应相互垂直抹轧压茬。青灰背分层压实，表层不少于三浆三轧。宽瓦时檐头三筒瓦使用纯麻刀灰，灰垄不许出现爹脚。调砌各脊安兽件，使用小麻刀灰，可适当掺入 107 胶，严禁加入水泥。脊筒中充填木炭，分层用大麻刀灰封严实。

2. 椽飞及檩枋，视其劈裂及糟朽程度，更换或黏结灌注高分子材料修补。灌注空洞缝隙时，将朽烂部分除净；黏结修补时，木材接合面打磨干净，不得有毛茬、浮土、油污，其余操作工艺严格按规定进行。

3. 安装与檩条垂直的加固拉接扁钢，应先钉牢扁钢以外的椽杆，在预定位置装

修缮前的具服殿

修缮中的具服殿

修缮中的具服殿后身

设扁钢时，用张紧器具将材料绷紧再钻孔，成活儿不许有松弛出现，对所有加固使用的钢构件，安装前均刷暗色防锈漆两道。

4. 殿后墙堵砌后加窗口，恢复后檐墙体。墙下肩及台明砖砌体风化酥碱处，用剔补法修缮，严禁用砖灰抹面刻缝。沿月台踏步重新砌筑，台基阶条石归安平整。

5. 依照图纸恢复格扇门窗。

6. 油饰彩画，内檐彩画，原状除尘保护。屋面修缮时，对梁架彩画做相应保护措施。外檐彩画，柱子等用一麻五灰地仗，槛框、走马板做一麻四灰地仗，装修边抹裙板绦环等三道单披灰，椽飞四道单披灰，装修棂条走细灰。下架用铁锈红，连檐瓦口银珠红，椽红身绿肚。上架按内檐彩画恢复金龙和玺彩画。彩画用文物复制方法，即找出原建筑上彩画遗留痕迹做底样，严禁按一般清式彩画套路绘制。

7. 材料要求，工程所用木材，必须为自然干燥材，望板可选用二级东北落叶松，椽飞选用东北红松，含水率低于20%，装修用一、二级红松，含水率低于15%。施工所用灰浆，均严禁使用袋装石灰粉。

总结

1997年开始修缮并于当年完工，美国世界遗产基金会给予了部分资金赞助。修缮中根据早期照片恢复装修原貌，即前檐五间通开四扇格扇门，格扇形制为四抹头，菱花为三交六椀；后檐及山面堵砌窗口，恢复原封闭墙体，并依室内彩画模式对外檐大木做了彩绘。由于建筑结构功能齐备，未实施设计方案中各檩条使用铁活拉接项目。

（二）第二次修缮（2011年）

2011年伴随太岁殿建筑群的第三次修缮，按照相同的修缮原则，拆除了具服殿室内于2001年搭建的馆会议室设施（本殿曾作为博物馆主要科普活动、科普讲座举办处，也是举办较为大型活动的主要场地，如北京市文物局新春团拜、518国际博物馆日主题活动等）；打开西稍间隔断；拆除室内吊顶，彻底清除灰尘、拆除梁架间旧时私设的各类临时隔断挡板；室内外立柱门窗重做地仗油饰，殿外台基剔除酥碱闪鼓灰砖，重新补做新砖。殿内清乾隆时期彩画未动，只做除灰养护处理。

本次修缮，基于将具服殿改作本馆临时展厅使用的考虑，同时按照太岁殿修缮思路整治建筑本体。修缮完成后，殿内开始布置临时展览。

三、神仓建筑群修缮

现状勘察

山门整体状况基本完好,由于年久失修,瓦面杂草丛生,檐头瓦有脱落,墙体下肩砖严重酥碱。两侧门用砖砌封,内部做住房使用。收古亭四柱间砌墙,柱根都有程度不同的糟朽,四角梁也都有程度不同的腐朽劈裂。神仓圆廪瓦面杂草丛生,攒尖顶部严重渗漏,致使雷公柱及平梁等木构架严重糟朽。

修缮内容及技术要求

1. 揭宽院内所有建筑屋面。更换糟朽木基层后,按传统做法重新铺设屋面。施工中尽量保护原有琉璃瓦件,酥碱严重的更换。屋面施工时要注意保护梁架彩画。

2. 所有建筑槛墙用十字干摆砖重新砌筑。现存门窗槛框,只要为文物建筑原有构件,在无糟朽的情况下继续使用,其余依照图纸重新制作。

3. 屋面及槛墙拆除后检查所有柱根及梁架大木结点,如有糟朽或劈裂现象,超出规范要求者依图进行墩接或用高分子材料灌浆加固。

4. 山门及院围墙墙面损坏严重者,用剔补方法进行修缮。院墙瓦顶使用原材料原做法重新揭宽。所有建筑的山墙及后檐墙酥碱严重者,采用剔补法维修,墙下肩干摆,上部墙面抹色灰,用靠骨灰做法,最后用红色浆喷涂。

5. 所有建筑散水照图重新铺设,砖下层用三七灰土一步(15厘米)夯实。

6. 新换木材必须为自然干燥材,含水率大木小于20%,装修小于15%;望板及新换椽飞檩博风均用落叶松,装修用一、二级红松。

7. 油饰彩画的修缮:室内梁枋原有彩画脱落者不再重做。凡彩画应用文物复制方法,对于有彩画残留的建筑,用草图纸附在该处描摹,并标明各部设色,作为起谱子依据;外檐彩画完全破坏的建筑,按此建筑内檐彩画形式,并参照本院其他等级相同建筑的画形式与细部处理手法绘制小样。

总结

神仓的修缮工程,于1994年10月正式开工,1996年5月全部完工。

神仓建筑群结构较为简单。修缮前,外表状况为原使用者所需改动较大,但其内部结构状况基本完好。因此修缮设计方案定为揭宽屋面的维修方案。揭取屋面瓦

修缮前的神仓

修缮前的神仓仓房

修缮中的神仓仓房

修缮中的神仓碾房

修缮中的神仓收谷亭

件后，对糟朽木构件的处理，只要是在规范允许使用值内绝不新换旧构件，例如祭器库前檐明间檐柱及与其相邻的檩枋，虽有劈裂糟朽，但在修缮中将朽木彻底剔除后黏结新木并用铁箍加固。而对圆廪神仓雷公柱及其座斗，认定确实需要更换后，除在选料上尽量与原料相吻合外，在尺度与制作手法上都与原状相符，以不失原有的时代特征与风格为原则。对已失掉的建筑构件的修复，在查找了建筑物现存的信息资料并进行认真探讨后，给以其定位，以求得与建筑物本身时代的统一，例如院内各建筑物的装修，从格扇门窗使用四抹头的做法到槛框细小的制作手法，都从原物件的分析中所得。后院祭器库礓磋的恢复也是在修缮进行中看到了礓磋的遗迹，再分析本建筑的使用功能，因此改变了原台阶设计方案而恢复历史原状。

　　神仓院修缮的最大不足是油饰。当时，还没有明确的要求，必须按传统做法调配光油，加之修缮经费所限，因此修缮后四年，下架油饰褪色。

神仓院落院墙修缮

修缮范围

　　神仓院北侧及东侧院墙的外侧，全长为 123.93 米。原院墙高约 4.5 米，下肩停泥城砖（460毫米×220毫米×110毫米）干摆十字缝，上身城砖糙砌背里，外抹靠骨灰。墙帽为六样绿琉璃瓦。现本段院墙院外地坪上涨约500毫米。

现状勘察

先农坛文物建筑周围添建了大量房屋，环境改观极大，且在添建房屋的过程中，对原有建筑造成了很大的伤害，同时，文物建筑本身由于长年得不到有效的保护和维修，现已破旧不堪。修缮设计单位于2007年6月制订了修缮方案。

修缮内容及技术要求

清理、拆除文物建筑周边后建房屋及院外地坪；按传统做法重做院墙外侧瓦面，按现存实物遗存补配琉璃瓦件、脊件；拆除原有东侧随墙门封堵物，按原制恢复原有随墙门；按现存形式、做法修补下碱：下肩停泥城砖（460毫米×220毫米×110毫米）干摆十字缝。酥碱严重处的墙面砌体局部择砌，其余剔补打点：酥碱大于20毫米，先将酥碱处剔除干净，用黏结材料掺砖灰面补抹平整。拆除墙体上身后改墙体，白素灰城砖补砌，将酥碱处墙面砌体剔除干净，下金属钉，苘麻麻揪，外抹靠骨灰（打底灰和罩面灰均用红麻刀灰），外刷铁红色防水涂料；清理墙边地坪，按现有地坪标高重做坛墙两侧散水（二城样糙墁褥子面散水）。

四、庆成宫建筑群修缮

现状勘察

庆成宫坐北朝南，布局保存完整。新中国成立以来被中国医学科学院药物研究所占用，作为存放易燃药品仓库及家属居住地。

本次修缮内容为内宫门以内文物建筑的全部修缮。

大殿、后殿及东西配殿集中于庆成宫中轴线北部，形成一个独立的小院。由于长期无人出入，满院杂草丛生，所有文物建筑岌岌可危。

大殿门窗装修全部经原使用者改动。月台上汉白玉石栏板望柱损失严重。台面西北部靠近栏板处长有树木，致使望柱栏板走动，台明陡板走闪。室内纵横隔断多处，地面情况不详，为木地板。外檐彩画剥落及褪色严重。瓦顶树木杂草丛生，瓦面渗漏严重，大木构件有雨迹斑痕，脊檩严重糟朽；明间两缝梁架中北端抱头梁拔榫，其余有几处瓜柱劈裂。

后殿梁架檩枋多处劈裂，明间东缝三架梁及脊瓜柱虫蛀极为严重。

东西配殿残破现状严重，外观上东配殿保留原貌，而西配殿屋面等均已更换原有构件，内部梁架不详。东配殿梁架大木基本完好，门窗装修已无原有格局。

内宫门现板门残损严重，外墙灰背整个剥落。

东西掖门现整体残损严重。墙体角柱石等歪闪，屋面瓦件多处缺损，木基层破坏严重，台明已与院地面连成一体。

修缮原则

不改变原状是修缮的大前提，在修缮前的拆除（包括后加隔断等的拆除）中，发现与古建筑有关的做法遗迹都是文物原状的依据，认真分析研讨后可作为建筑原状在修缮时实施。尤其对格扇的做法，抹头的数目，边框制作的手法等，都是带有时代特征的符号。在先农坛建筑修缮拆卸旧有瓦面时发现这些建筑的施工工艺，基本都保留了明代官式建筑的工艺特征，里口木的使用，屋面灰背垫层不施黄土，全部使用纯白灰铺垫，这种做法虽是隐蔽在建筑内部的工艺，但也需在修缮时不可变更。

修缮前的庆成宫前殿

修缮内容及技术要求

1. 重新揭瓮屋面。瓦件拆除要妥善保护，除严重风化酥碱外，一概原物使用。补配脊、兽、勾头等构件，严格按现存实物的尺寸、形制烧制。掺灰泥背，用黄黏土（好黄土）。苫背找囊均应分层操作，各道背厚度不许超 20 厘米，应相互垂直抹轧。青灰背分层压实，表层不少于三浆三轧，成活儿檐头三筒瓦使用纯麻刀灰。调砌各脊安兽件，使用小麻刀灰，可适当掺入 107 胶。脊筒中充填木炭，分层用大麻刀灰封严实。

2. 拆除瓦面后，检查木构架椽飞及各个檩桁糟朽情况，视其劈裂及糟朽程度，采用更换或黏结灌注法修复。对木结构受力弯曲超值的抗弯构件进行检测，予以加固。对木结构节点进行检查，已经开裂变形构件进行定量分析，针对伤害程度予以修复，采取木结构整体隐蔽加固措施，提高建筑应变能力。拆卸各处柱门，揭露检查木柱，根据伤害程度剔补柱根糟朽或墩接，个别更换柱子。

3. 安装与桁条垂直的拉紧扁钢，应先钉牢扁钢以外的椽杆，在预定位置装设扁钢时，用张紧器具将材料绷紧再钻孔。对所有加固使用的钢构件，安装前均刷暗色防锈漆两道。

4. 殿后檐墙恢复原样，堵砌后加门窗，墙体下肩如有风化酥碱者，用剔补法修缮，对相邻围墙损坏部分给予相应修复。

5. 去除对文物建筑造成破坏威胁的小树。

6. 材料要求：工程所用木材，必须为自然干燥材，望板、椽、飞新换构件用二级东北落叶松，含水率低于 20%，装修用一、二级红松，含水率低于 15%。

7. 归安月台栏板、台阶及其他石构件，用传统灰浆灌缝勾抹牢固。残损散落构件，用高分子化学材料粘补后原物归安。剩余丢失构件，仿现存实物材料尺寸规制补制。

8. 油饰彩画：内檐彩画，原状去尘，现状保护；拆除瓦顶时，用遮盖等方法保护室内彩画。外檐彩画、柱子、踏板使用一麻五灰地仗，槛框、走马板做一麻四灰，装修边抹裙板，绦环等为三道单披灰，装修棂走细灰。下架用铁锈红，连檐瓦口银珠红，椽飞红身绿肚，上架照现有痕迹恢复和玺彩画。彩画应采用文物复制方法，用草图纸临摹该处现有彩画，并标明各部设色，作为起谱子依据。

9. 清理庭院，拆除有碍文物建筑的临建，合理组织排水，恢复地面铺装。修补原有院墙，砌筑西掖门北部残缺墙体，开启西掖门为通行口。

10. 根据实际情况设置消防用水管网。

11. 增设消防安全报警系统。

主要技术措施

1. 大木构架的维修

庆成宫大殿梁架，拔榫严重，明间前檐柱外闪4厘米，金柱外闪出12厘米，金柱与七架梁榫卯拔出8厘米，修缮中采用了整体梁架不拆卸而给以打牮拨正。具体方法是屋面荷载拆除后对需要作业的构架周边搭满堂红脚手架，脚手架与构架间要留有余地，以防梁架归位时与其发生碰撞。脚手架搭好后将垂直于梁架的檩垫枋抬起并固定在脚手架上，以减轻构架荷载。对需要拨正的所有梁柱接点采取适当的加固措施，以确保拨正时不发生意外。同时在殿外一定的距离处与此两缝梁架对应的位置预埋混凝土地锚，其体积与深度要能够承受所受拉力，上设钢筋套钩。然后用带有花篮螺母（紧固器）的钢丝缆绳将前后檐柱与金柱加固成为一整体（中有倒链相连），古建木构与钢丝缆绳接触面使用保护层包裹严实，以防损伤构件；另外在后檐金柱斜向用带有倒链的钢丝缆绳一端固定在七架梁拔榫处，经檐柱外挂倒链与地锚成60度角相连，此钢丝缆绳上也在一定部位使用花篮螺母（紧固器）。捆扎连接完成后分四组人员同时拉动倒链钢丝缆绳，四组力气均等，并随时紧固花篮螺母。梁架榫卯归位后检测各柱垂直度、撤除倒链并用紧固钩套将钢丝缆绳固定牢固，檩枋归位并拆除脚手架，待屋面施工完成恢复梁架的荷载后再撤除带有紧固器的钢丝缆绳。梁架归位后对檩枋榫卯处又做了铁箍加固。

西配殿南次间梁架曾经过焚烧，檩枋已成炭木，本次修缮做了更换。

东配殿由于后檐与居民住房相连，未能彻底维修，只抢险修缮了前檐瓦面，并恢复原状装修。

2. 屋面、地面、墙体的维修

庆成宫屋面用瓦，多数为带有"乾隆年制"戳记瓦件，当沟间所用筒瓦，后尾带有抹角，是清晚期没有的。这些瓦件，施工时都给予了最大量的保护和使用。

地面墙体的维修，也尽可能地使用原材料。月台金砖为66厘米×66厘米，是现存建筑少见使用的方砖尺寸，而其表面严重风化，修缮时经多次研讨而定出尽量保护使用旧有方砖，因此在局部拆卸月台旧有地面方砖后对下层砖做了加固、抄平等处理，将旧金砖拼对或补边角使用，尽量不予更换新砖。

3. 油饰彩画的维修

先农坛庆成宫前殿和后殿内檐彩画现状存在不同的残损现象，针对其残损情况予以相应的处理。在需要的部位注射化学黏结剂进行加固处理。

对于以额枋彩画为代表的彩画表面的顽固积垢，采取以下措施：①按清洗彩画色彩区域分类（青、绿、金等）；②以纯净水浸泡湿润；③以毛笔沾取适量纯净水在彩画积垢表面反复清洗，在确保原彩画颜料安全的前提下反复操作直至将其清除。

对于原有失胶彩画的加固方法主要有两种：①传统材料封护保护，用植物胶或动物骨胶与水稀释至适宜浓度，喷涂或刷涂于彩画表面进行封护处理；②化学材料封护保护，在聚醋酸乙烯酯溶液中加入少量紫外线吸收剂刷涂或喷涂于彩画表面，以达到加固彩画、减缓老化速度的双重作用。

对于地仗已翘起、剥脱的天花彩画采取以下措施（以天花、燕尾为主）：①用小型吸尘器和毛刷吸取彩画背面积累的尘土；②按照除尘一般做法清除彩画表面尘土，并适当加固彩画表面；③除尘后对彩画进行复位粘贴。在即将剥脱处涂抹或注射化学黏结材料，然后按原样进行复位粘贴并将该部位压实。如果剥脱部分已十分硬脆，需先软化后方能进行上述操作。

对于已经脱落的彩画进行补绘：①移植原有做法进行补绘；②进行仿旧处理，做到"远观近似，近看有别"。

总结

庆成宫建筑群自新中国成立以来一直为中国医学科学院使用，2000年收归北京市文物局管理。因此院内密集的排房，殿内横竖交错的隔断以及埋藏在地下的无记载管道，都是保护修缮前应解决的问题。1996年至1998年，北京古代建筑博物馆原营造设计部对庆成宫进行了勘测。

2001年庆成宫修缮正式开工。本次修缮得到世界遗产基金会的资助，资金主要用于后殿的修缮及前殿内檐彩画保护。

庆成宫的修缮，对于这处极为珍贵的明清古建有着极其重要的意义。修缮前岌岌可危的状态，变为修缮后的焕然一新，前殿、后殿、左右配殿，以及两道主要宫门（内道宫门不是本次修缮）、掖门恢复了应有风采。在修缮以后的历年中，逐步清理了占据宫内的居民，平铺了前殿院内地面，整治了环境，初步实现了古建环境一新。

目前存在的主要问题：庆成宫中院已交付文物部门管理使用，但院内仍有少数居民居住；两进宫门间仍有部分居民居住。因此，庆成宫的东侧宫墙没有彻底闭合修缮，尚有一半缺失。

庆成宫地面铺装

修缮范围及现状勘察

庆成宫二道门以北的院落。占地面积约 8850 平方米，院落地面面积为 7709.63 平方米。现院内有多处后建房屋并有少数居民居住其中。地面铺装仅存中心御路，且御路石局部风化，御路石两侧墁墁城砖风化残损极其严重，残损约 98%。

先农坛文物建筑周围添建了大量房屋，环境改观极大，且添建房屋的过程中，对原有建筑造成了很大的伤害，同时文物建筑本身由于长年得不到有效的保护和维修，现已破旧不堪。北京市文物建筑保护设计所于 2007 年 6 月制订了修缮方案。

修缮内容及技术要求

拆除院内添建房屋，清理院内地坪；铺设管沟（净宽 1500 毫米 × 净高 1400 毫米）；剔补打点风化的御路石，按原物补配两侧墁墁城砖约 98%，剔补打点其余风化残损的墁墁城砖；用花岗岩墁铺二进院东西甬路，二进院内其余地面用仿古水泥砖铺墁；按传统做法铺墁三进院地面（二城样糙墁）；重做院内散水。

五、神厨建筑群和宰牲亭修缮

（一）神厨建筑群第一次修缮

神厨、宰牲亭修缮前被育才学校校办工厂占用，由于不合理使用，除了油渍污染古建筑木结构、电火花随时有可能引发火灾外，破坏性的建设也较严重，殿内地层机桩深近 2 米，院西北端围墙无存，窝棚随处可见；宰牲亭作为育才学校杂品废旧品库房，殿内外脏乱不堪，殿外长期堆放高大的煤堆、水泥石灰袋。由于几十年来没有任何保养维护，古建筑普遍存在屋檐坍塌、檩条糟朽、梁枋劈裂现象，甚至出现基础下沉、墙体开裂，随时都有倒塌危险。

1996 年，北京古代建筑博物馆原营造设计部对神厨、宰牲亭做了实地勘察，提出保护维修方案。本工程为神厨及宰牲亭的全面性修缮。

现状勘察

神厨正殿：瓦面松散走动，正脊歪闪，檐头塌落下沉，尤其后坡最为严重。大木构架有走闪状况，前檐金檩与檐檩同单步梁拔榫较为明显，致使博风板开裂约5厘米。东稍间脊檩糟朽严重，失去承重力，已在檩两旁支两根木料做临时性加固，其余各檩也有不同程度糟朽。台明阶条石松散走动，踏步及门窗均改建，仅留有原窗扇。内檐彩画除部分被雨水腐蚀剥落外，大部分保存较为完好，外檐彩画破坏严重，基本无存。

神厨：瓦面杂草树木生长旺盛，檐头下沉，室内有渗漏。明间脊檩糟朽严重，已做临时加固措施。其余各檩及脊瓜柱均有不同程度糟朽劈裂。门窗及台明等平面残损状与正殿基本相同。

神库：神库与神厨位置在院内为轴线对称，建筑面积大体相等，但神库大木用材略大于西殿（截面高宽约为20毫米～50毫米），而且结构上七架梁下多用一根380毫米×285毫米的随梁枋。在举架上，神库为4.1∶7.1∶8.1；神厨则为

修缮前的神厨神牌库

3.8∶7.2∶8.6。殿屋面门窗及台明等残损程度基本同以上两殿，梁架拔榫情况较为严重，致使博风板中部连接处出现缝隙。

井亭：瓦面松散严重，仔角梁头糟朽，台明阶条石走闪。

院门：大木架基本完好，瓦面所有构件均已无存，覆盖油毡等物对梁架做保护。

宰牲亭：瓦面破坏极其严重，檐头塌落，瓦面杂草树木丛生，仔角梁头糟朽。彩画也难以辨析，外檐观上层檩枋，似无地仗直接画于木料上，下层彩画已被红漆整个覆盖。内檐彩画为旋子彩画，枋心图案不清。

修缮内容及技术要求

1. 屋面：所有建筑屋面重新揭瓮。除严重风化酥碱外，一律使用原物。补配脊、兽、勾头等构件，严格按现存实物尺寸、形制烧制。掺灰泥背，用黄黏土（好黄土），苫抹找囊均应分层操作，各道背厚度不许超过 5 厘米，应相互垂直抹轧。青灰背分层压实，表层不少于三浆三轧，成活儿檐头三筒瓦使用纯麻刀灰。灰垄不许出现夯脚，使用小麻刀灰，适当掺入 107 胶。

2. 拆除瓦面后，更换糟朽檩桁、椽飞，梁架大木如有糟朽劈裂，依图加固修

修缮前的宰牲亭

复，必须将朽烂部分灰尘除净；黏结修补时，木材结合面打磨干净。

3. 装于桁条垂直的拉接扁钢，应先钉牢扁钢以外的椽杆，在预定位置装设扁钢时，用张紧器具将材料绷紧再钻孔。对所有加固使用的钢构件，安装前均刷暗色防锈漆两道。

4. 所有殿山墙或后檐墙恢复原样，去掉后加门窗，墙体下肩或台明陡板如风化酥碱者，用剔补法修缮。

5. 院围墙重新揭宽墙帽，并对墙体损坏部分用上述方法修复。院地面下沉部分填平夯实，根据图纸找出泛水，重新铺设甬路。

6. 归安台明阶条石，用传统灰浆灌缝勾抹牢固。

7. 内檐彩画，原状去尘，现状保护。拆除瓦顶时，用遮盖等方法保护室内彩画。

8. 材料要求：工程所用木材，必须为自然干燥材，望板、椽飞新换构件选用二级红松，含水率低于20%，装修一、二级红松，含水率低于15%。施工所用灰浆，均严禁使用袋装石灰粉。

1999年3月26日北京市文物局古建处、北京古代建筑博物馆、北京市文物古建工程公司及原修缮设计负责人，共同对先农坛神厨、宰牲亭现状进行再次考察，对原设计方案做出补充说明：

1. 神厨组建群：院落地面恢复原高度（即在现状基础上降低40厘米左右），并用城砖海墁。挖掘地面时，如发现甬路遗迹，则按原材料原做法恢复甬路或原状保留。各建筑物台明周边散水原状保留，缺损或局部破坏者以原样修复。疏通院落整体排水管网。施工中注意院墙外水倒流现象发生。

2. 单体建筑室内地面现状保留。铺设使用功能地面，将现地面抄平并铺设隔断防潮层。墁地时注意整个地平必须低于柱鼓镜石1.5厘米以上。

3. 屋面：瓦面全部重新揭宽。宰牲亭上层屋面及神厨正殿前坡屋面苫背如无酥碱龟裂等严重残损状，可不再重新铺设。宽瓦灰泥及底瓦搭结密度等，以现状做法为准，不可更换原模式。

4. 外檐彩画：前檐彩画以原状恢复；后檐彩画于各单体建筑上挑选1～2间现状保存。宰牲亭上层彩画做法施工现场酌定。

5. 砖砌体：墙体下肩、槛墙及台明陡板砖外观墙面砖风化酥碱不到2～3厘米者原状保存，不再重新剔补。

6. 所有建筑大木基本原物归安，如有更换者须由设计单位提方案并报北京市文物局批准。

7. 神厨院门：屋面用削割瓦，门扇形制现场考证后再定。其余照图施工。

8. 宰牲亭修缮原则为不改变原有风貌。拆除瓦面时要记录其旧有形制并依原状修复；室内地面除保留原有设施外，其余用城砖铺墁。

主要技术措施

大木构架的维修：

墙体内立柱根部的糟朽是古建筑普遍存在的现象，处理时一般采用墩接或挖补的方法，墩接时新旧料间要有榫卯衔接并用高分子材料黏结，挖补时要彻底剔除糟朽部分，而后酌情使用铁箍固定。井亭角梁受屋面雨水渗漏的影响，出现严重腐蚀。经过讨论分析，使用了较坚硬的黄花松做修补材料，新旧材料连接处除用高分子材料黏结外，还用木屑做加固处理。神厨正殿构架属减柱造形式，西神厨七架梁下缺少跨空枋构件，因此两殿的七架梁都有程度不同的挠度。修缮时对这两处最薄弱点使用了支顶立柱加固的方法，即西神厨北侧次间两缝七架梁下与前后金檩对应处各支顶立柱两根，而正殿在跨空枋下的前后金柱边上做抱柱，以增加立柱的荷载截面，同时在跨空枋与七架梁间前后金檩对应处制作柁墩，用于传递梁架重力，以减少跨空枋剪力。

木材防虫、防腐：

神厨院大门与东西井亭是美国世界遗产基金会捐赠项目，而其形制和结构的特点，使木构件面临相当严重的自然破坏，井亭构架井口枋木及角梁后尾腐朽，斗拱构件上明显的木蜂虫害，其主要问题来自雨水和病虫害。修缮后的井亭继续保留开敞的构造，不做完全的顶部封护。为消除潜在的腐朽隐患，修缮时采纳了中国林科院木材研究所提出的防虫、防腐处理的方案，并在屋面井口木方与六角形脊筒间增设出檐5厘米的铜板，以尽量减少雨水对木枋的侵蚀。

总结

1998年，育才学校校办工厂迁出，1999年开始修缮（时院内居民还未全部搬走），2004年完工。此次部分修缮内容，得到了美国世界文化遗产基金会（World Monuments Fund，WMF）和FLORA基金会的资金支持。

本次修缮存在的主要问题，是神厨院大门的设计修缮不够严谨，用新制青石门枕石替换了原明代门砧，使大门失去了重要的时代特征。

（二）神厨建筑群第二次修缮

2010年8月，北京古代建筑博物馆委托设计单位，对神厨及宰牲亭院落进行保护工程设计。设计单位于2010年8月，经全面深入的现场勘察后，提出保护工程方案。

1. 神厨院正殿、东配殿、宰牲亭室内彩画

现状勘察

正殿内檐彩画保留较好，局部彩画开裂，起翘、浮尘严重。

东配殿室内彩画构架有严重开裂，褪色、雨渍，纹饰模糊不清，浮尘严重。

宰牲亭室内彩画枋心图案不清。整个彩画表面褪色严重、浮尘厚、颜色锓入木骨，已基本褪光、隐约可见。彩画开裂，起翘、浮尘严重。

修缮内容及技术要求

对于保存稍好的彩画：采用小型吸尘器吸取彩画表面浮尘，或排笔、软毛刷仔细清扫浮尘。采用和好的荞麦面团在已清扫或吸尘后的地方轻轻搓揉，以使彩画表面更加清洁。对于较顽固的污迹，如虫屎、鸟粪等，用有弹性的小竹签剔掉，坚硬的污迹用手术刀刮掉。必要时用少量有机溶剂，如乙醇、丙酮等，加快污物的溶解。被烟尘污染的彩画表面，由于其污染主要为积炭和灰尘，如用酒精清洗，碳溶入酒精后形成的污液可能会浸入彩画，使彩画表面发暗，故对此类污染的彩画不宜用酒精清洗，而应用干冰清洗。干冰清洗的好处就是在彩画表面不残留清洗剂，去除污垢后，干冰转化成 CO_2 气体挥发。

对于存在裂隙、起翘的彩画：为防止彩画裂隙继续扩大，缝隙需先进行一定的保护性处理。为此采用向缝内注射油满的方法，将已翘起、开裂的部位粘贴回去。按照裂隙走向采用小型吸尘器吸取彩画缝隙内的尘土；也可用皮老虎或洗耳球吹赶浮尘，再用软毛刷将清出的尘土扫净。

对于地仗已翘起、但尚未剥脱的彩画：用小型吸尘器吸取翘起部位内的尘土；也可用皮老虎或洗耳球吹赶该部位的浮尘。除尘后对彩画进行复位粘贴。在即将剥脱处涂抹或注射油满，然后按原样进行复位粘贴。

2. 神厨院井亭

现状勘察

斗拱以下部位彩画失胶严重，色彩表层酥脆。2000年修缮时，曾对残存彩画表

面涂刷稀胶矾水二道。对于阳光可以照射到的彩画部分，颜色已经泛白，整个彩画表面褪色严重。

斗拱以上部位残存彩画，2000 年修缮时曾对残存彩画表面涂刷稀胶矾水二道，且阳光无法直射，因此保存较好，仅局部彩画开裂，起翘、浮尘严重。

井亭屋顶井口处彩画，为 2000 年修缮时重做，但因雨水冲刷，开裂残损严重。井亭整体木构糟朽，斗拱构件上有明显的木蜂虫害。

修缮内容及技术要求

斗拱以下部位残存彩画因失胶严重，色彩表层酥脆，颜色已经泛白，整个彩画表面褪色严重，已失去保留价值。砍挠清除旧有酥残彩画碎片，按原形制补绘彩画。斗拱及圆椽原彩画无存，按原形制补做地仗、补绘彩画。斗拱以上部位残存彩画，部分保存较好，仅局部彩画开裂，起翘。首先将彩画残缺部位的尘土污物清理干净，开裂、起翘彩画回贴。原彩画地仗层的制作方法为一麻一布六灰地仗，弄清彩画纹饰比例关系及色彩匹配规律，按照邻近彩画的原状对已残缺的彩画进行补绘，色彩随旧。井亭屋顶井口处彩画，为 2000 年修缮时重做，但因雨水冲刷，开裂残损严重。砍挠清除现有酥残彩画碎片，按原形制补绘彩画。对于裸露的木构件，全部采用 OS-1 防腐剂进行防腐处理。

六、太岁殿建筑群和焚帛炉的修缮

（一）太岁殿建筑群的第一次修缮

背景

1980 年，育才学校向文物部门提出申请维修太岁殿等古建筑；1981 年 4 月，中国人民政治协商会议全国委员会简报第 8 期刊登了呼吁抢救先农坛内坛的文章，文中提出先农坛建筑"庄严的殿堂，精巧的仓廪、祭坛"，是"研究古建筑难得的好标本"；1982 年，太岁殿东配殿后檐椽塌落 14 米长；1985 年 6 月，全国政协与北京市政协文化组组成文物保护联合调查组对市区的一些古迹进行了考察，提及先农坛建筑"屋顶树木趋于成材"，亟待给予保护。同年，北京市文物局正式提出抢救修缮太岁殿院落古建筑。

1986 年 9 月，由设计单位进行勘察设计，修缮单位进行施工，对太岁殿建筑群进行了新中国成立后第一次大规模修缮。这次修缮内容，包括太岁殿建筑群中的太岁殿、拜殿，东、西配殿等及位于太岁殿院落东南角的焚帛炉，涵盖了包括院墙、地面、甬路及各殿屋面、梁架、装修、彩画等的全面修缮。

修缮内容及技术要求

1987 年 8 月到 12 月，国家文物局古建专家组成员三次亲临现场，对修缮方案进行论证，并确定了以下四方面的意见：

屋面工程：全部揭瓦挑顶，各种吻兽、瓦件，一律以旧件为主，对落架后残缺损坏严重的构件按数量规格填配新件。所有能用的旧瓦件，一律用在前坡，填配的新件用在后坡。

门窗：拜殿、太岁殿恢复菱花锦式门窗；东西配殿去掉新中国成立后育才学校改制的大方格玻璃门窗，恢复明代小方格式门窗。

室内地面工程：拜殿室内地面因多年损坏严重，需重新起墁；太岁殿内檐地面，保存基本完好，此次修缮确定为修补残缺，保持原状；东西配殿地面方砖细墁已被水泥砖块替代，所幸东殿北侧两间还未遭到损坏，本次修缮以此为据恢复原貌。而东西配殿地面，后因 1999 年举办"中国古代建筑展"临时决定改为水磨石地面，原貌已无存。

油漆彩画工程：拜殿内檐旧彩画是清乾隆十九年（1754 年）所作，为墨线大点金、旋子彩画。其图案特色有四：一是没有藻头团花的分路规划线，而是以各路单

修缮前的太岁殿

花瓣组合，形成多层次的旋花图案；二是梁架枋（底面）的枋心部位加宽，两侧棱线上移，这是清代旋子彩画的早期做法；三是旋花心（旋眼）面积明显扩大，并做沥粉片金写实莲花图案；四是藻头旋花的诸层花瓣，面积缩小，以增加团花层次，显示图案工艺精细。拜殿内的墨线大点金旋子彩画突出地表现了清代中早期的做法，也是北京现存独一无二的一种旋子彩画图案，非常珍贵。但因多年失修，损坏比较严重，采用以旧更新的做法，仅在拜殿内檐东侧尽间整体保留原彩画，并做加固及除尘保养，以为清代原物实例，作为日后展示、研究之用。

总结

本次修缮有以下特点：

1. 旧有文物构件，如拜殿室内地面，原为二尺四细泥（澄浆）方砖细墁地面。但因多年损坏严重，需重新起墁，约百分之八十以上要填配新料。当时联系了京东蓟县、顺义等几家窑厂，经试制后均未成功。因工期有限，又改作尺四方砖细墁钻生地面。拜殿原始大方砖地面，虽损坏严重，但由于工人精心翻起，从而保护了一部分较为完整的（尺四的）大方砖。这也很珍贵。为了让后人能够看到明代原始大方砖的式样，特将这部分旧砖用在了拜殿东侧的尽间。东西配殿明代初建，原为尺二方砖细墁钻生地面。育才学校进入后，作为小学课堂，大部分地面由原来的尺二

修缮中的太岁殿

方砖改为水泥砖块地面。可喜的是东配殿北侧幸存两间旧方砖地面未破坏。后经工匠精心加工细作，并选些较好的旧方砖，集中墁在东配殿北端一间，可供观赏研究。

2. 太岁殿瓦面揭取后发现旧有灰背现状坚硬完好，经专家现场讨论决定，只做檐头椽飞望的修复，檐头以上原状保留。

3. 太岁殿内檐金柱原地仗坚硬，但柱根两米内损坏严重，因此修缮时仅对柱底部 2 米内做了一麻五灰的地仗找补。外檐彩画依拜殿外檐的彩画特色复制。彩画所用颜料，一律采用传统的矿物质颜料。

4. 据《顺天府志》载"垣内南北东西各三间"值房，复建四角值房。

修缮存在的问题：

因本次修缮是先农坛古建筑几十年来的第一次抢救性修缮，伴随着北京古代建筑博物馆同步筹建，不可避免地存在时间紧的情况，并由此而导致抢工期现象比较严重，存在东西配殿雨期施工，水汽湿重，没有得到彻底散发；又疑涂刷化学材料"塔那立斯"，共同作用加速了东西配殿望板、椽檩等木质部分风化腐朽，导致 1994 年开始东西配殿望板脱落现象日益加重，局部檐头瓦面松动，时有掉落。另外，各殿台明局部条石松动，陡板砖风化脱落，各殿墙体及院落围墙外皮局部空鼓。更为明显的是，由于施工把关不够严谨，竟然出现太岁殿等建筑瓦件（瓦当、滴水）时有混同院墙瓦件使用的现象。

（二）太岁殿建筑群第二次修缮

背景

根据第一次修缮存在的问题，为保障博物馆安全，2001 年对太岁殿院进行了第二次抢险修缮。

修缮内容

揭宽东西配殿檐头瓦面，局部挖补太岁殿及拜殿檐头瓦面；归安并勾抿台明条石松动处，剔补陡板砖风化脱落严重处；打点补抹所有墙体并喷红色涂料；各殿经常进出的门槛上包装铜皮保护。

技术要求

1. 瓦面：拆除屋面，铲去灰背时，做好灰背分层记录及使用材料记录，更换糟朽椽望，重做灰背时须按原有材料、工艺施工，并与旧有灰背接茬处用水洇透，泥背干至七八成时，应进行拍背，上青灰背时必须反复刷青浆和轧背，赶轧次数不得少于三浆三轧。灰背干透方可进行宽瓦。宽瓦前仍要洇透旧椽，宽瓦时新旧椽子处应用灰塞严接牢，新旧瓦搭接要严实，瓦垄要上下顺直，整个屋面囊势要一致。

2. 材料：旧有瓦件清理干净方可使用。新配瓦件尺度色泽与旧瓦相统一。本工程所用木材应为含水率低于 20% 的自然干燥材。屋面工程所用灰浆须选用优质生灰块泼制，熟化期不少于 30 天。

3. 台明条石归安及勾抿，使用传统麻刀油灰，即生桐油泼生灰块，过筛后加麻刀，加适量面粉，加水，用重物反复锤砸而成。陡板砖腐蚀深度 1 厘米以上者剔凿挖补。

4. 墙面灰空鼓剥落处剔凿至原墙体基层，并在用水洇透后依原有灰浆抹墙面。

5. 明间前后门槛、太岁殿明间门槛、东西配殿等共计五个门槛依规范要求包装铜皮。

6. 墙面全面喷刷银朱红色涂料。

总结

本次抢险修缮，原意是为排除险情，以不影响游客参观为原则。而拆除西配殿檐头一步架瓦面后，发现用上述原则修缮难以解决其残损状况，现场分析屋面灰背情况。虽然望板脱落严重，但置于椽飞上的灰被挤压成一体，也难以掉落，在一定期限内不会存在危险。因此东配殿没有再大范围地揭宽屋面瓦件，仅将损坏严重的檐步飞头瓦面揭取后更换糟朽瓦口等木构件做加固处理。

（三）太岁殿建筑群第三次修缮

自第二次修缮后因每年未能进行常规保养，致使许多原本尚微小的损伤逐步扩大，在自然力的作用下，建筑材料受材料性能限制逐渐老化、性能下降，导致损伤日益加剧。为此，在 2011 年，对太岁殿建筑群进行第三次修缮。

修缮内容及技术要求

拜殿：屋面苫补，抽换糟朽望板 30%，剔补糟朽椽望 30%；补配缺失、残损的勾头、滴水、钉帽 10%；更换糟朽的连檐、瓦口 60%；清除墙体外层涂料，重刷铁红色外墙防水涂料；重做殿内木柱、门窗及博缝板地仗油饰；补配缺失的梅花钉 20%，补配缺失透风砖 100%。

太岁殿：屋面苫补，抽换糟朽望板 30%，剔补糟朽椽望 30%；重做殿内木柱及室外门窗地仗油饰。归整变形处避雷线，补配缺失、残损的勾头、滴水、钉帽 10%。更换糟朽的连檐、瓦口 60%。修补后檐西北角靠剥落处骨灰，清除墙体外层涂料，重刷铁红色外墙防水涂料。重做山花板局部剥落处 40% 及博缝板 100% 地仗油饰，补配缺失的梅花钉 20%。剔补打点东南角台帮酥碱、风化严重处的陡板砖 15%。补配缺失透风砖 100%。

总结

本次修缮是太岁殿历次修缮中比较完备的一次，较为彻底地解决了历次修缮中的各种遗留问题，为太岁殿建筑群作为博物馆主展区，其展示功能的发挥起着重要作用，为同年举办的新"中国古代建筑展"提供了重要的展览场地基础。

（四）焚帛炉修缮

因焚帛炉为砖石制，故修缮前原状尚可，只不过建筑上仿木的砖雕斗拱及其出昂时有人为砸坏，灰砖基座有轻微破损，个别覆瓦松动。伴随 2011 年太岁殿建筑群第三次修缮，焚帛炉也做了相应修补，重新调整松动瓦件，用砖灰加树脂修补了缺损的基座局部灰砖、补齐了缺失的斗拱。

七、坛区其他古建筑的修缮

（一）坛门

1. 先农坛内坛西门修缮（1999 年 1 月）

此门保存基本完好，主要修缮内容为：瓦面局部揭瓦；修补大门并依原色泽原工艺油饰；墙体下肩剔补，上身补抹剥落墙皮并喷刷广红浆；清理门洞内地面并拆除门内墙体；东部周边散水铺设。

2. 先农坛内坛北门修缮

第一次修缮（1998 年）

现状勘察

此门建筑结构保存完好，但屋面树木杂草丛生，墙外皮空鼓或剥落，墙体下肩干摆砖部分酥碱，门道路面被水泥替代。

修缮内容及技术要求

屋面：北坡瓦面全部重新揭瓮，南坡瓦面部分揭瓮。整修归安各脊，补配缺少吻兽，旧有瓦件掉釉者继续使用，破损者按原规格补配。

墙体：下肩酥碱处剔补，严禁用抹砖灰画缝方法处理。墙上身灰皮剥落处清除残损泥皮，用水洇透接茬处，重新抹麻刀灰（灰：麻刀=100：3-4）。整体墙面喷刷红土浆。墙体四周沿开启门处增设护栏，以防冲撞。

大门：按传统工艺油饰银珠红，补配缺损门钉。额枋彩绘现状保护。

拆除附于墙身的临时建筑。

修缮过程中注意了瓦面及墙体新旧接茬处理，防止造成人为渗漏等隐患。

第二次修缮（2010年）

现状勘察

此门外檐彩画污染严重，为喷涂红墙时污染。北坛门下肩为大城砖砌筑。墙面酥粉严重、用手轻微触摸，即掉落层层沙砾和石屑。地下上升毛细水进入砖体内部，带动可溶性盐运动、结晶，加剧了青砖表面的风化剥落。而存于砖体内部水分，在寒冷季节结冰产生冻胀，使砖体产生裂缝，造成断裂、砖体缺失等情况。

修缮内容及技术要求

被污染的彩画采用蒸汽清洗及干冰清洗。

此门下肩风化砖墙保护内容为：用硬毛刷，将砖墙表面的灰尘及酥粉沙砾和石屑刷掉。将过去人为的水泥修补，全部剔除。再用清水将砖墙表面冲淋干净。冲淋干净后干燥一周。对于泛碱、酥粉部分进行两遍脱盐处理。对于砖墙缺失部分，先采用墙砖加固剂涂刷2～3遍，对其进行加固，待其干燥后，再采用创源修复剂调和砖粉，进行修补。

3. 先农坛内坛南门修缮（2003年）

此门的修缮，与2003年内坛南墙修缮一并进行。

此门保存现状：建筑大体完整，屋面瓦件较齐全，但木构油饰全无，原地仗破损较为严重，门钉有破损，墙面局部酥碱。

按照内坛西门的修缮原则，重做地仗、木构油饰，屋面瓦件补全，去除杂草，墙面剔除酥碱，重补新砖，墙面喷涂红浆，补做门钉。

（二）坛墙（2003年）

1. 先农坛外坛东墙和南墙修缮

现状勘察

2003年为配合市政府"改造中轴线，亮出坛墙"的工程，对外坛东墙、南墙进行修缮复原。

外坛东墙范围，南起先农坛街与永定门西顺城街相交丁字路口的西北角处，向北经东坛门及值守房至天桥南纬路丁字路口处为止，全长约为902米。原坛墙高约5.3米，泼灰加少量黄土合成糙砌的"一顺一丁"城砖，收分为8.7%，阴阳合瓦带正脊瓦面。

先农坛街与永定门西顺城街相交丁字路口的西北角起，经东坛门及值守房后向北长为621.07米，该段墙体原状保存。从此修缮处起向北侧长为54.8米处，该段现存原坛墙大体完整，墙帽上脊、瓦件、木椽及檐口木残损严重，残缺约100%，局部墙体在原址上有被拆砌的现象，墙面酥碱严重。该段坛墙局部复原，局部按原墙体砌筑形式、砌筑工艺重新拆砌，酥碱墙面修整剔补。从残存原坛墙处起，向北至天桥南纬路丁字路口西南角处为止，总长为225.6米。该段坛墙大部分地表无存，在其原址上后建若干房屋，原墙基址情况无法勘察。清理、拆除原址上后建房屋，按现存原外坛墙砌筑形式、砌筑工艺在原址上重新砌筑坛墙。

外坛南墙全长300多米。由于历史原因，整段墙体都存在着程度不同的损坏；特别是墙帽部分，损毁尤为严重。

墙体部分：本次修缮东段坛墙长63.26米，墙体外观因前违章建房遗留的抹灰、瓷砖贴面等盖住了大部分的墙面，故无法界定保存好坏的程度。另外，在墙面上还遗留下来许多大小不等的孔洞，这些墙孔对墙体的稳固带来了诸多隐患。坛墙的内墙面，因有众多的障碍物遮挡，因此，无法弄清楚墙面保存情况。

墙帽部分：墙帽是本段坛墙损坏最重的部分，从现存情况看，绝大部分的墙帽椽望构件全部残毁，瓦面亦大面积残坏。正脊构件虽部分保留，但破损、开裂等现象严重，且随时有塌毁的危险。现存的墙帽中，用碎砖、乱石堆砌的砌体比比皆是，油毡、石棉瓦残存到处可见。顶部灌木、杂草丛生，对墙体的安全构成了威胁。

修缮内容及技术要求

本次修缮，要求对坛墙进行全面加固，并恢复坛墙原有的面貌。

清除墙面抹灰及其杂物。填补原违章建房所遗留的孔洞，所用材料一律参照现有墙面补配，白灰勾缝。铲除违章建筑地面，整修坛墙底部，如有酥散、残坏，可参照原墙基修复。清除墙帽中的杂乱砌体，铲除灌木杂草，拆除残存椽望构件。重新更换檐椽、望板、木枋（檐口木）、垫木等。檐椽采用通长杉木长椽，也可用红松杆或者华北阔叶松。檐口木与檐椽采用榫卯相交的做法封闭。所有木质构件均刷防腐涂料，不少于四道，构件表面刷红漆。本段坛墙终端部位吻兽等构件规格参照东坛墙吻兽尺度复制。博缝板为木质，内外面均刷红漆。

2. 先农坛内坛墙修缮

修缮范围

西起先农坛原 88 中学南门，向东经北坛门至东侧内坛墙处，向南至育才学校围墙处为止，全长为 350.19 米。原坛墙高约 5.3 米，泼灰加少量黄土合成糙砌的"一顺一丁"（410 毫米 ×210 毫米 ×99 毫米）城砖，收分为 8.7%。

现状勘察

先农坛文物建筑周围添建了大量房屋，环境改观极大，且添建房屋的过程中，对原有建筑造成了很大的伤害，同时文物建筑本身由于长年得不到有效的保护和维修，现已破旧不堪。修缮设计单位于 2007 年 6 月制订了修缮方案。

修缮内容及技术要求

清理、拆除文物建筑周边添建的房屋及地坪；局部拆砌墙体，彻底清除生长于墙体上的树木主根，影响墙体安全（距墙 2 米范围内）的树木应经与相关部门协调后彻底清除；按传统做法重做瓦面，按现存实物遗存补配琉璃瓦件、脊件、木椽及檐口木 100%；按现存形式、做法修补墙面：二城样淌白一顺一丁，白素灰砌筑，老浆灰做平缝。酥碱严重处的墙面砌体局部择砌，其余剔补打点：酥碱大于 20 毫米，将酥碱部分剔除干净，用与墙面砖同质砖砍磨加工成砖片镶嵌。用环氧树脂将补砖与旧砖粘贴牢固。局部酥碱小于 20 毫米的，先将酥碱处剔除干净，再用黏结材料掺砖灰面补抹平整；清理墙边地坪，按现有地坪高重做坛墙两侧散水（二城样糙墁一顺出散水）。

第四节　坛区绿化

明代，北京先农坛是祭祀先农、太岁、天神地祇诸神及皇帝、王公大臣亲耕场所，坛区内布局主要以建筑、耕地为主，古树很少。

1754 年清朝乾隆皇帝命令先农坛祠祭署，在坛区内广泛种植松、柏、槐、榆等树木，太常寺负责监督造具清册，用于改善坛区内的环境，这为先农坛园林绿化奠定了基础。

先農壇北入

太歲殿皆三門角門。雍正五年奉

旨修理

先農壇牆垣嗣後著動正項。乾隆十年奏准

先農壇內外牆垣坍塌損壞甚多請將應行修理之處交部會同太常寺計費興修。十八年

諭朕每歲親耕耤田而

兩郊大工告竣應將

先農壇年久未加崇飾不足稱祇肅明禋之意今

諭

先農壇修繕鼎新即令原督工大臣敬謹將事。又

先農壇外壝隙地老圍於坡灌圍殊為褻瀆應多植

松柏榆槐俾成陰鬱翠以昭虔妥

靈著該部會同該衙門繪圖具奏。又奉

旨

先農壇舊有旗纛殿可撤去將神倉移建於此。又

奉

旨

先農壇牆外隙地前經降旨令栽種樹木今

天壇工竣其北面隙地亦應一例栽種交與工部妥協

清乾隆帝诏谕先农坛植树的记载

民国时期的先农坛古树

民国四年（1915年），先农坛成立为先农坛公园，民国八年（1919年）与城南公园正式合并，统称城南公园。

截止到1950年12月（管理坛庙事务所档案，全宗号98，卷号19）统计：先农坛共有柏树718棵、杂树1373棵。以后，由于历史及自然等诸多原因，很多古树因缺乏养护而死亡。

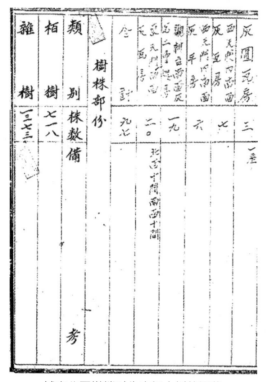

城南公园撤销时先农坛古树的记载

改革开放以来，国家对环境保护的重视程度越来越高，先农坛古坛区内遗留下来的古树均得到很好的保护。

一、古树养护

（一）北京古代建筑博物馆成立前

截至20世纪90年代初，北京先农坛被育才学校等多家单位占用，由于自然环境及当时的古树复壮技术水平有限，不少古树已死亡。1991年，在《北京市古树名木保护管理暂行办法》要求下，区、街道两级绿化管理部门对古树加强了管理，拆除影响古树生长的临建多处，清除渣土，指派专人进行施肥、灌浇、修剪枝叶、打药驱虫等维护工作，进行了爱护古树名木的宣传。

20世纪90年代初，北京先农坛所存的古树数量及分布（按企事业单位区域划分）：

地　点	数量（棵）
育才学校	163
88中学	1
北粉店19号	1
北京胶印二厂	12
北京教育学院宣武分院	13
北京汽车配件厂	9
粉红胡同7号	1
国务院信访局	1
先农坛体育场	2
药物研究所	4
育才北京塑料厂仓库	1
共计	208

20世纪90年代初以前，北京先农坛已经死亡且记录在案的古树数量及分布：

地　点	数量（棵）
3401厂	5
玻璃四厂	18
国务院信访局	4
共计	27

至2016年底，先农坛内共有古树208棵，其中柏树191棵，占91.83%；国槐11棵，占5.29%；榆树6棵，占2.88%。

（二）北京古代建筑博物馆成立至2016年

古树分布现状

北京先农坛内坛区现存古树155棵，其中一级古树87棵，二级古树68棵，树种绝大部分以柏树为主，剩余小部分树种为国槐。北京古代建筑博物馆坐落在内坛区内，其内坛区内大部分古树多分布在博物馆太岁殿院落周围东、南、西、北四个方向，具体分布状况如下：

地　　点	数量（单位：棵）
太岁殿院内	1
太岁院落西配殿与神厨院落东面神库之间	7
神厨院落内	1
行政西小院办公区	11
太岁殿南面广场	23
太岁殿北面广场	37
太岁殿院落东侧	24
天神地祇坛周边草坪	25
育才学校	21
神仓院内及西面路边	5

古树复壮

北京古代建筑博物馆在 2010 年开始将古树复壮作为专项，至 2016 年止做了 5 次古树复壮（分别是：2010 年、2012 年、2013 年、2015 年、2016 年），完成了内坛区 155 棵古树的大部分复壮工作，复壮效果良好，延缓了古树的衰弱趋势，美化了馆内的环境。

从 2016 年下半年开始，受到古树政策调整、职责归口等因素影响，北京市文物局下属博物馆不再单独进行古树复壮工程，而是由北京市园林局统一安排统筹，

紧急处理枯树，保障坛区安全

北京市文物局协调配合局属博物馆进行古树复壮工程（具体从 2016 年 11 月开始）。

北京古代建筑博物馆古树复壮的施工过程，主要分为地上和地下两部分进行，地下部分根据地面材质不同采用不同的方法，主要有以下三种：

第一，古树周边铺装石材的地面主要采取地面打孔复壮法，通过树效枪将古树所需的营养液、肥料、土壤调理剂从孔内打到地面以下；第二，生长在草坪内的古树，采取营养坑复壮法，营养坑完成后回填经过调配的专用土壤基质及各种营养液等；第三，古树周边植物硬铺装面积较大，导致植物生长空间过小（与古树争夺营养），采取复渗井引导古树根系向上、向下生长。

地上部分主要是修剪古树枯枝、死枝、填补树洞、植皮、树体灭菌、喷洒农药防治病虫害、叶面施肥、制作仿真树皮、给树体输液及加固定支撑。

古树复壮明细表

序号	复壮时间	复壮范围	复壮数量	古树编号	复壮措施
1	2006 年 11 月 20 日 至 2006 年 12 月 20 日	先农坛内坛区	15 棵	A00510、A01016、A01018、A01076、A01080、A01088、A01089、A01149、B01750、B01753、B01754、B01755、B01759、B01760、B20534	地下部分： （1）地面打孔复壮法。 地上部分： （1）修剪枯枝、死枝； （2）树洞、植皮填充； （3）进行土壤消毒、树体灭菌； （4）对树干、树冠喷洒农药； （5）树叶施肥。
2	2010 年 7 月 26 日 至 2010 年 8 月 25 日	先农坛南侧育才学校棒球场及太岁殿北面广场	22 棵	11010400259、11010400258、11010400257、11010400256、11010400254、11010400250、11010400251、11010400252、11010400255、11010400248、11010400247、11010400249、11010400245、11010400246、11010400243、11010400242、11010400241、11010400240、11010400239、11010400238、11010400279、11010400396	地下部分： （1）营养坑复壮法； （2）地面打孔复壮法。 地上部分： （1）修剪枯枝、死枝； （2）树洞、植皮填充； （3）进行土壤消毒、树体灭菌； （4）对树干、树冠喷洒农药； （5）树叶施肥； （6）制作仿真树皮。

序号	复壮时间	复壮范围	复壮数量	古树编号	复壮措施
3	2012年4月1日 至 2012年5月15日	太岁殿北面广场	23棵	11010400259、11010400258、11010400257、11010400256、11010400254、11010400250、11010400251、11010400252、11010400255、11010400248、11010400247、11010400249、11010400245、11010400246、11010400243、11010400242、11010400241、11010400240、11010400239、11010400238、11010400244、11010400279、11010400396	地下部分：地面打孔复壮法。 地上部分： （1）修剪枯枝、死枝； （2）树洞、植皮填充； （3）进行土壤消毒、树体灭菌； （4）对树干、树冠喷洒农药； （5）树叶施肥； （6）制作仿真树皮； （7）树体输液。
4	2013年	太岁殿东面	18棵	11010400279、11010400377、11010400378、11010400379、11010400380、11010400381、11010400382、11010400383、11010400384、11010400394、11010400395、11010400396、11010400397、11010400398、11010400399、11010400400、11010400407、11010400408	地下部分： （1）地面打孔复壮法； （2）铺装地面复渗井。 地上部分： （1）修剪枯枝、死枝； （2）树洞、植皮填充； （3）进行土壤消毒、树体灭菌； （4）对树干、树冠喷洒农药； （5）树叶施肥； （6）制作仿真树皮。
5	2015年	太岁殿北面广场及南广场草坪	18棵	11010400401、11010400402、11010400403、11010400404、11010400428、11010400429、11010400430、11010400431、11010400432、11010400433、11010400434、11010400435、11010400439、11010400440、11010400441、11010400442、11010400470、11010400471	地下部分： （1）地面打孔复壮法； （2）铺装地面复渗井； （3）营养坑复壮法。 地上部分： （1）修剪枯枝、死枝； （2）树洞、植皮填充； （3）进行土壤消毒、树体灭菌； （4）对树干、树冠喷洒农药； （5）树叶施肥； （6）制作仿真树皮。

序号	复壮时间	复壮范围	复壮数量	古树编号	复壮措施
6	2016年9月30日至2016年10月30日	太岁殿东面及北面广场	18棵	11010400279、11010400377、11010400378、11010400379、11010400380、11010400381、11010400382、11010400383、11010400384、11010400394、11010400395、11010400396、11010400397、11010400398、11010400399、11010400400、11010400407、11010400408	地下部分：地面打孔复壮法。地上部分：（1）修剪枯枝、死枝；（2）树洞、植皮填充；（3）进行土壤消毒、树体灭菌；（4）对树干、树冠喷洒农药；（5）树叶施肥；（6）制作仿真树皮。
7	2016年11月	行政西小院、南广场草坪、太岁殿南广场、神仓西面	30棵	11010400229、11010400271、11010400272、11010400273、11010400274、11010400275、11010400276、11010400277、11010400278、11010400443、11010400444、11010400445、11010400446、11010400447、11010400280、11010400281、11010400282、11010400262、11010400270、11010400460、11010400459、11010400269、11010400461、11010400454、11010400455、11010400467、11010400456、11010400457、11010400458、11010400469	地下部分：地面打孔复壮法。地上部分：（1）修剪枯枝、死枝；（2）树洞、植皮填充；（3）进行土壤消毒、树体灭菌；（4）对树干、树冠喷洒农药；（5）树叶施肥；（6）制作仿真树皮；（7）固体支撑。

二、绿化养护

北京古代建筑博物馆位于北京中轴线南段西侧，是明、清两代皇帝春季祭祀先农及举行亲耕耤田礼的场所。为了恢复昔日先农坛的面貌，北京古代建筑博物馆在1999年育才学校宿舍迁移后开始进行环境治理，有计划种植草坪与灌木，并于2002年1月28日对太岁殿院落北面、东面、南面的绿化工程进行了公开招标，在同年4月完成了院内道路的绿化改造。此后每年北京古代建筑博物馆都投入一定量的资金用于坛区内的绿化养护。

（一）草坪、绿篱养护

北京古代建筑博物馆绿化区域内草坪面积约 13500m²。草坪草种为早熟禾，古树树坑里的草种为丹麦草，这两种草都属于冷坪草。自 2002 年完成了绿化改造后，北京古代建筑博物馆制定了绿化养护管理规定，其中对草坪的养护规定更加严格。现在，馆内的草坪与绿篱、松柏等交相辉映，形成了先农坛内坛区的一道独特风景线。

2005 年完成了先农坛地面的铺装工程，有利于雨水、灌溉水更好地渗透。2013 年 8 月 30 日，完成了对馆内所有早熟禾、丹麦草、大叶黄杨的更换，重新铺装草坪砖、维修增加喷灌系统，砌阀门井，更换阀门井盖等。

2006 年神仓北院房屋拆除后进行了绿化。

（二）树木养护

民国时期

由于北平国民政府管理不善，先农坛很多松柏枯死或被虫害腐蚀。为此，将不少松柏上的枯枝砍断，以避免虫害。

> 两坛松柏，统计共有八千余株，一部分因年代深远，内部多已腐朽，而且近年来复为虫蠹蚀，枯死竟达五百余株以上，其余枯枝焦叶者，为数亦颇不少，该坛事务所为保全及防除虫害计，特延清华大学生物系教授刘崇乐到坛视察松柏情形，并将树皮枝干、虫卵，携回作详细之研究，并将已枯之枝干伐断，以免虫害之蔓延。
>
> ——《北平晨报》（民国）

新中国成立后至北京古代建筑博物馆成立前的先农坛

1949 年 7 月育才学校（时称育才小学）进驻先农坛，尔后先农坛古建筑被育才学校用作办公场所及教职工宿舍。在 20 世纪七八十年代期间，学校职工在教学的同时，也在先农坛坛区种植了不少柏树、榆树、槐树，以及杨树、臭椿、西府海棠、油松、刺槐、丁香、龙沼槐、银杏、香椿、核桃等树木，改变了先农坛内广植松、柏、槐、榆等树木的历史布局，丰富了先农坛的树种。

北京古代建筑博物馆成立后

截止到 2011 年底（之后未做数据统计），北京古代建筑博物馆有树木 353 棵，其中古树 155 棵，乔木 112 棵，灌木 86 棵，其中大部分古树为清代乾隆时期所栽种。自从北京古代建筑博物馆绿化改造完成后，每年都对馆内这些树木进行养护。

1990 年 7 月 2 日，宣武区组织义务服务员对先农坛体育场的绿地、花坛及杂草进行了清除。

2003 年 11 月，太岁殿院落北面区域改造，经向北京市园林局申请审批同意后，移除了此区域 50 棵树木。2010 年 12 月，经北京市园林绿化局审批同意后，砍伐一棵已死亡两年的野生臭椿树，砍伐后补种了一棵银杏树。2012 年北京古代建筑博物馆对 31 棵洋槐树进行了修枝工作，很好地促进了洋槐树的生长。同年 7 月经北京市园林绿化局审批同意后，完成了对庆成宫 8 棵危树的砍伐工作。2014 年 5 月 10 日至 12 日，对庆成宫院内 12 棵危树进行修剪，避免遭遇大风时被刮断的可能，消除断枝对庆成宫可能造成破坏的安全隐患。

附录一

北京先农坛大事记（1988 年之前）

明永乐十八年（1420 年），建成北京山川坛，"悉仿南京旧制"。

明天顺二年（1458 年）八月乙亥，建山川坛斋宫。

明嘉靖九年（1530 年）分立天神、地祇之祭，建天神、地祇坛及神仓。更山川坛为神祇坛。

明嘉靖十年（1531 年）七月，天神、地祇坛及神仓工成。议定建观耕台（木质，亲耕前临时搭建）。议准每岁耤田所出藏于神仓，以备粢盛。

明隆庆元年（1567 年），废止天神、地祇之祭。

明万历四年（1576 年），更神祇坛为先农坛，设先农坛祠祭署，铸先农坛祠祭署印。

清顺治十年（1653 年），下诏于十一年恢复先农之祭及亲耕之礼。

清顺治十一年（1654 年）元月，议定祭先农及亲耕之礼。

清雍正二年（1724 年）重新颁定三十六禾辞，皇帝亲行耕耤礼时奏唱。

清雍正四年（1726 年）八月，颁旨全国州府厅县（龙兴之地除外）于雍正五年设先农坛。

清乾隆十八年—十九年（1753 年—1754 年）废旗纛庙，移建神仓；改观耕台为琉璃砖石质；广植松、柏、榆、槐；全面修缮先农坛各处建筑。

清乾隆二十年（1755 年），改斋宫为庆成宫。

1912 年，民国内务部在先农坛太岁殿院成立"古物保存所"。

1913 年元月，先农坛首次对平民开放。

1914 年，袁世凯政府选定先农坛太岁殿作为民国"忠烈祠"。

1915 年，民国内务部辟先农坛为"先农坛公园"。民国内务部管理坛庙事务所在先农坛成立。

1914 年—1915 年间，先农坛北外坛被辟为"城南游艺园"。

1917 年北外坛改名"城南公园"。

1918 年—1919 年"先农坛公园"并入"城南公园"。

1919 年，北外坛西北处建"四面钟"。

1921 年始，北外坛逐渐成为平民杂居区，成为北京老天桥一部分。

1924 年—1925 年，先农坛西外坛成立北京市立体育专科学校。

1927 年，先农坛具服殿更名"诵豳堂"。

1930 年，民国首届植树节典礼在先农坛举办。

1935 年，清乾隆帝御笔"皇都篇""帝都篇"石幢，在先农坛内坛东北角墙下被发现。

1935 年初夏，四面钟坍塌，位于观耕台上的观耕亭被拆毁。

1937 年秋，位于庆成宫南侧的空地建北京特别市公共体育场（北京先农坛体育场）。

1937 年，日寇在西外坛开辟汽车修理厂。北平光复后成为国民党陆军联勤总部第八汽配修理厂。新中国成立后成为中国人民解放军 3401 工厂。改革开放后成为燕京汽车厂。

1949 年 7 月，华北育才小学校进驻先农坛。

1950 年 10 月，城南公园及坛庙事务所裁撤，全部文物移交天坛公园，坛区划归天坛公园管理。坛区作为北京育才学校临时借用。

1952 年 10 月，天坛公园与北京育才学校经过协商，经北京市政府同意后，正式将先农坛古建筑区作为北京育才学校校区使用，范围包括内坛、神祇坛。

1956 年，庆成宫钟楼被拆除。

1959 年全国第一次文物普查，先农坛被列入普查对象。

1972 年，天神坛四尊石龛被拆除，并且丢失，天神坛及地祇坛拜台、壝墙被拆除。

1981 年，先农坛被列为北京市文物保护单位。

1988 年 6 月，北京古代建筑博物馆筹备处在太岁殿院成立。

附录二

北京古代建筑博物馆大事记

1988 年

6 月 14 日　北京古代建筑博物馆筹备处成立；馆筹备委员会第一次会议召开，古建筑专家和史学专家单士元、罗哲文、吴良镛、张镈、侯仁之出席。

8 月　馆筹备委员会第二次会议召开，讨论并确定《中国古代建筑技术发展简史》陈列大纲。

9 月　时任副市长何鲁丽主持召开关于先农坛搬迁及太岁殿修缮市长办公会。

1989 年

2 月　馆筹备处与多家新闻单位联合举办"全国首届古代建筑艺术摄影大赛"活动。

3 月　时任副市长陆宇澄、何鲁丽主持市长办公会，再次研究先农坛的搬迁修缮问题。

9 月—10 月　拜殿修缮竣工；"中国古代建筑技术发展简史展"开幕。

11 月　北京市文物古迹保护委员会专家 10 余人视察修缮工程。

1990 年

2 月　时任副市长陆宇澄、何鲁丽等视察先农坛修缮工程。

3 月　馆筹备处与北京大学分校联合举办的全国古代建筑专修班开课；北京古代建筑博物馆成立，筹备处撤销。

9 月　在正阳门举办《全国首届古代建筑艺术摄影大赛优秀作品展》；在东南角楼举办《中国古代建筑——明清展》。

12 月　太岁殿修缮竣工，时任副市长张百发、陆宇澄、何鲁丽等及古建专家单士元、罗哲文近百人到会。此次会议确定了北京古代建筑博物馆与北京育才学校的划界，明确"文教并存"。

1991 年

9 月　北京古代建筑博物馆正式开放；举办《北京文物建筑保护成果展》（获首届北京文物节优秀展览奖）。

11 月　与中国传统园林学会联合召开纪念中国营造学社 70 年纪念大会。

1992 年

5 月　被命名为"宣武区青少年教育基地"。

6 月　召开"先农坛保护与利用"座谈会。

9 月　召开隆福寺藻井构件保护性修复座谈会。古建专家单士元、罗哲文、杜仙洲、马旭初等出席。

1993 年

1 月　与崇文区经济技术开发公司联合举办"新春先农坛文化庙会"。

4 月　与北京东方收藏家协会联合举办"门券收藏大观"展。

7 月　被命名为"天桥地区青少年教育基地"。

9 月　参加劳动人民文化宫"北京古都文化博览会"。

12 月　神仓腾退；签订隆福寺藻井修复协议。

1994 年

3 月　与占用单位中国预防医学科学院药物研究所签订庆成宫腾退协议。

4 月　与北京史学会联合举办"1994—2000 年古建馆发展规划研讨会"。

9 月　举办《古坛掠影——北京先农坛历史沿革展》。

10 月　与宣武区主管部门联合举办《宣武古今行——宣武区区情教育展》。

12 月　隆福寺藻井修复工程完工。制作"1949 年老北京沙盘"。

1995 年

6 月　《北京文物报》刊登"先农坛与北京古代建筑博物馆"专刊。

7 月　开始北京市危旧房改造地区文物抢救性征集工作。

8 月　东方收藏家协会青少年分会成立；引进展览《平顶山大屠杀惨案特展》。

9 月　召开隆福寺藻井吊装研讨会，古建专家单士元、罗哲文等到会。

1996 年

8 月　完成隆福寺藻井吊装工程。

9 月　东南大学接受委托，为我馆编制全新基本陈列改陈大纲。

12 月　成为中国紫禁城学会团体会员单位；与北京古代建筑研究所、北京市文物古建工程公司合并组成"北京市传统建筑发展中心"；营造设计部撤销。

1997 年

1 月 召开基本陈列改陈专家座谈会。

4 月 国家文物局复函，同意我馆改陈的全国性征集工作。

6 月 全国人大常委会副委员长王光英捐赠文物 10 余件。

7 月 在报国寺举办"爱北京、捐城砖"展。

10 月 神厨腾退。

1998 年

3 月 基本陈列改陈大纲终稿完成。

4 月 联合国教科文组织、世界文化遗产保护基金会来馆考察。

5 月 召开基本陈列改陈研讨会；第 20 届世界建筑师大会秘书长来我馆考察；世界著名建筑设计大师贝聿铭来我馆参观。

6 月 荣获 1997 年度市科普先进集体奖。

1999 年

2 月 庆成宫一期腾退；参加新加坡"春到河畔"展，"1949 年老北京沙盘"展出。

3 月 神厨建筑群修缮开工。

4 月 时任市委书记贾庆林到我馆视察。

6 月 宣武区政府及市文物局召开先农坛居民搬迁现场工作会；《中国古代建筑展》开幕。

9 月 世界教科文组织考察具服殿修缮工程。

2000 年

1 月 坛区搬迁正式开始。

4 月 召开"北京先农坛史料汇编"局级课题开题专家会，该课题为我馆第一个科研课题。

12 月 被命名为"北京市青少年科普教育基地"。

2001 年

5 月 开展为期两年多的专家科普讲座，邀请古建、文物多位专家举办面向社会的讲座。

6 月 北京先农坛被公布为全国重点文物保护单位。

11月　地祇坛石龛由原所在地（宣武教育学院）易地保护至内坛，展示于拜殿南侧。

12月　首次完成北京古代建筑博物馆制度汇编。

2002 年

3月　神厨修缮外檐彩画工程开始；召开《北京先农坛历史文化展》基本陈列大纲论证会。

1月—4月　古坛区绿化景观改造完成。

5月　参加北京科技周民族宫主会场活动，举办《墙倒屋不塌——古建中的力》展；北京古代建筑博物馆科普工作小组成立；美国运通公司捐赠10万美元用于修缮神厨。

9月　《北京先农坛历史文化展》开幕，成为我馆第二个基本陈列；先农坛古坛区重新向社会开放。

10月　举办首届"宣南文化节"。

2003 年

3月　"北京先农坛史料汇编"局级课题结题。

4月　筹备"1949年老北京沙盘"改造工作。

2004 年

12月　发现清乾隆帝御制皇都篇、帝都篇石幢。

2005 年

3月　清乾隆帝御制皇都篇、帝都篇石幢出土。

5月　北京古代建筑博物馆科普工作小组于澳门成功举办《华夏神工》展；申报"北京旧城四合院建筑类文物的调查与研究"局级课题，为我馆第二个科研课题。

完成先农坛部分地面铺装。

完成馆藏文物电子大账。

2006 年

完成本馆重点展品"1949年老北京沙盘"改造工作。

2007 年

5月　出版专著《北京先农坛史料选编》。

7月　完成"北京旧城四合院建筑类文物的调查与研究"局级科研课题专项考

察，课题结题。

2008 年

8 月　先农坛宰牲亭被辟为北京古代建筑博物馆科普园地；于宰牲亭院举办
《巧搭奇筑藏奥秘——中国古代建筑中的力》展、《农神的足迹》展。

11 月　北京古代建筑博物馆科普工作小组撤销。

2009 年

4 月　开始筹备基本陈列改陈。

9 月　出版专著《北京先农坛研究与保护修缮》。

10 月　国家文物局批复先农坛古建筑群修缮工程正式开工。

12 月　本馆文物库房改造工程开工。

完成馆藏一、二、三级文物档案建档。

2010 年

3 月　被北京市人民政府首都绿化委员会评为"北京市绿化美化先进单位"。

4 月　"祭先农、植五谷、播撒文明在北京"清明节祭先农活动在本馆举办。

6 月　"先农坛青少年农耕科普实验园"落成。

12 月　被评为 2010 年—2014 年全国科普教育基地。

2011 年

1 月　《北京古代建筑博物馆规章制度汇编》（2010 年版）修订完成。

3 月　北京市发展和改革委员会就北京古代建筑博物馆周边地域建设审批和北
京先农坛文物保护等情况进行考察调研。

4 月　"祭先农、植五谷"清明节祭先农活动在北京古代建筑博物馆举办。

5 月　文物库房启用；复制成套清光绪先农坛、太岁坛礼器（祭器）；新办公
区启用。

6 月　北京古代建筑博物馆召开《中国古代建筑展》改陈深化设计专家评审及
研讨会。

7 月　先农坛修缮（文物建筑及化学保护）工程正式开工。

12 月　出版《中国古代建筑展》展览画册；太岁坛清光绪原状祭祀陈设展出。

2012 年

1 月　改陈后的《中国古代建筑展》开幕。

4月 "祭先农、植五谷、播撒文明在西城"（先农文化节）在北京古代建筑博物馆举办（西城区文化委员会主办）。

6月 经北京市文物局文物鉴定委员会鉴定，隆福寺毗卢殿藻井定为一级文物，隆福寺正觉殿次间藻井定为二级文物，清代堂子影壁壁芯砖雕定为三级文物。

7月 北京市中轴线申遗考察专家到北京古代建筑博物馆调研。

8月 召开《先农坛历史文化展》陈列大纲专家评审会。

10月 召开《中华牌楼展》陈列大纲专家评审会。

12月《中华牌楼展》展出。

《北京古代建筑博物馆规章制度汇编》（2012年版）修订完成。

2013年

1月 筹备《先农坛历史文化展》。

4月 "祭先农、植五谷、播撒文明在西城"（先农文化节）在北京古代建筑博物馆举办（西城区文化委员会主办）。

10月 申报"北京先农坛部分匾额复原"局级课题，为北京古代建筑博物馆第三个科研课题。

12月 赴韩国举办《中华牌楼展》。

2014年

4月 《先农坛历史文化展》开幕；出版《先农坛历史文化展》展览画册；举办"敬农文化展演"活动。

5月 《中华古桥展》展出。

10月 "北京先农坛部分匾额复原"局级课题结题。

12月 成立北京古代建筑博物馆学术委员会；出版《北京古代建筑博物馆文丛》（2014，第一辑）；出版专著《北京先蚕坛》。

2015年

4月 举办"敬农文化展演"活动。

5月—9月 完成全国首次可移动文物数字化普查工作项目。

8月 《中华古塔展》展出。

10月 北京先农坛5处古建筑复原匾额重新悬挂。

11月 《中华民居——北京四合院展》展出。

12月 出版《北京古代建筑博物馆文丛》（2015，第二辑）。

"北京市传统建筑发展中心"撤销。

2016年

4月 举办"敬农文化展演"活动；出版专著《回眸盛典》《先农崇拜研究》。

5月 出版专著《日下遗珍——北京旧城四合院建筑文物研究》。

9月 完成全国首次可移动文物数字化普查工作项目验收；《中华古亭展》展出。

11月 启动编纂《北京先农坛志》。

附录三
北京古代建筑博物馆平面图
暨古树分布图

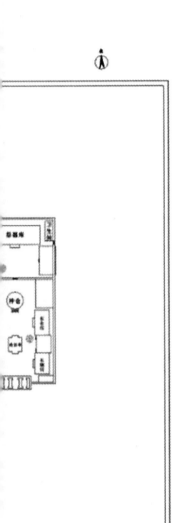

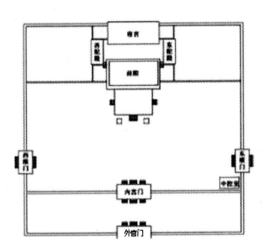

附录四

清代先农坛全图

（清乾隆二十五年，1760 年）

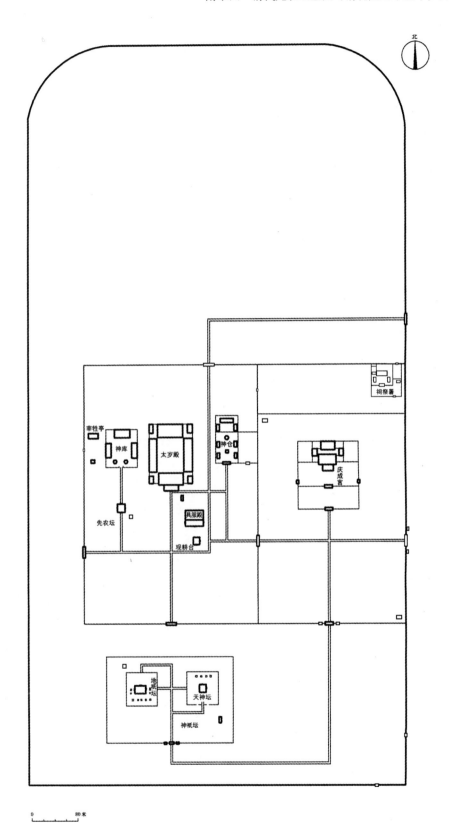

附录五

清代先农礼、耕耤礼内容和主要礼器、服饰

据《清朝文献通考》卷一百一载。

皇帝亲祭仪：

岁仲春吉亥，皇帝亲飨先农。前二日，礼部尚书一人眡牲如仪。

眡牲

致斋，仪同东、西郊祀。先一日，遣官一人诣奉先殿，祗告如常仪。

告祭

书祝版

眡割牲

眡祝版

仪同东、西郊祀。

是日清晨，太常寺卿率属洁坛上下藉以棕荐。为瘞坎于坛东南隅，设先农神座于坛正中，南向，施黄幄。工部官张皇帝拜次于南阶上，如式。

右设神座供张。

将事之夕，夜分太常寺卿率属入坛，具器陈牛一、羊一、豕一、登一、铏二、簠簋各二，笾、豆各十，珑三十、罏一、镫二。坛南中设一案，少西北向，供祝版。东设一案，西向，陈礼神制帛一，色青，盂盘一、尊一、爵三，设福胙于尊、爵之旁，加爵一。牲陈于俎，帛实于篚，尊实酒，承以舟，疏布幂，勺具。銮仪卫冠军使，设洗于坛东。乐部率太常协律郎，设中和韶乐及乐舞于坛下，东、西分列器具数与东、西郊祀同。

右陈设

省牲，仪同东、西郊祀。辨行礼位，坛上幄次为皇帝拜位，正中，北向，坛下东南为望瘞位，东向。陪祀王公位乐悬北，东、西各二班。百官位乐悬南，东、西各五班。重行异等，东位西上、西位东上，均北面。辨执事位坛上，太常寺司拜牌、拜褥官各一人立。

皇帝拜位左右，司祝、司香、司帛、司爵各一人，光禄寺卿二人，侍卫二人，太常寺赞答福胙一人，侍仪、礼部尚书、侍郎、督察院左都御史、副都御史、乐部典乐各一人，位东，西序，分列祝案、尊案之次，如常仪。坛下太常寺典仪一人、司乐一人，东立西面。起居注官四人，西立东面。纠仪御史四人、礼部祠祭司官四人、引礼鸿胪寺官四人，分立王、公、百官拜位之次。协律郎、歌工、乐工、舞佾分立乐悬之次，均东、西面。掌瘗官率瘗人立于瘗坎之南，北面。右辨位。

其日五鼓，步军统领率所部清跸除道。御道左右涂巷皆设布幛。銮仪卫陈法驾卤簿于午门外。不陪祀王公百官朝服祗候，如常仪。辰初三刻，太常寺卿赴乾清门奏时，皇帝御祭服，乘礼舆出宫，前引、后扈如仪。驾发，警跸，午门鸣钟鼓，导迎乐陈而不作。群臣跪送。提镳官左右骑导诣坛，如郊祀之仪。右銮舆出宫。驾将至，司祝奉祝版设于祝案。礼部尚书一人，率太常寺卿属诣神库，上香行礼，恭请先农神位，奉安坛座上，如仪。鸿胪寺官豫引陪祀王公于坛门内，按翼序立，候驾至随行。引陪祀百官东班于拜位南，北面；西班于拜位西，东面。序位祗候。驾至坛东门内，降舆。赞引对引太常寺卿二人，恭导皇帝至坛东盥，銮仪卫官跪奉巾如仪。赞引对引，恭导皇帝由中阶升，就拜位前立。前引内大臣、提镳官、侍卫均于阶下止立。后扈大臣、随侍鸿胪寺官引陪祀王、公、百官均就拜位。典仪赞乐舞生登歌，执事官各共廸职。武舞执干戚进，赞引奏："就位。"皇帝就位立，右盥洗就位。典仪赞："瘗毛血，迎神。"司香奉香进立祗候，司乐赞举迎神乐，奏《永丰之章》。乐作，赞引奏："就上香位。"恭导皇帝诣香案前立，奏："上香。"司香奉香跪进于右，皇帝上炷香，次三上瓣香。毕，奏："复位。"恭导皇帝复位立。赞引奏："跪。拜。兴。"皇帝率群臣行三跪九拜礼。乐止。

迎神

典仪赞奠帛爵，行初献礼。司帛奉篚，有司揭尊幂，勺挹酒实爵，以次至案前，恭竢。司乐赞："举初献乐，奏《时丰之章》。"乐作，司乐举节，舞干戚之舞。司帛跪献篚，奠于案，三叩；司爵跪献爵，奠于垫中，兴。各退。司祝至祝前，跪，三叩，兴，奉祝版跪案左。乐暂止。赞引奏："跪。"皇帝跪，群臣皆跪。赞读祝，司祝读祝辞曰："维某年月日，皇帝致祭于先农之神，曰：惟神肇兴农事，万世永赖。兹当东作之时，躬耕耤田，祈诸物丰茂，为民立命。谨以牲帛酒醴庶品之仪致祭，尚飨。"读毕，跪奉祝版，跪安神位前，三叩，兴，退。乐作，赞引奏："拜。兴。"皇帝率群臣行三拜礼。乐止，武功之舞退，文舞执羽籥进。

初献

典仪赞行亚献礼。司乐赞举亚献乐，奏《咸丰之章》。乐作，舞羽籥之舞，司爵献爵于左，仪如初献。乐止。

亚献

典仪赞行终献礼，司乐赞举终献乐，奏《大丰之章》。乐作，舞同亚献，司爵献爵于右，仪如亚献。乐止。文德之舞退。

三献

既终献，太常寺赞礼郎一人少前，西面立，赞答福胙。光禄寺卿二人奉福胙至神位前，拱举，退，祗立于皇帝之右。侍卫二人进立于左。赞引奏："跪。"皇帝跪，左右官皆跪。奏："饮福酒。"右官进爵，皇帝受爵，拱举，授左官，次受胙如饮福仪。赞引奏："拜。兴。"皇帝三拜，兴。又奏："跪。拜。兴。"皇帝行二跪六叩礼，王、公、百官均随行礼。典仪赞彻馔。司乐赞举彻馔乐，奏《屡丰之章》。乐作。彻毕，乐止。

受福胙，彻馔

典仪赞送神，司乐赞举送神乐，奏《报丰之章》。乐作，赞引官奏："跪。拜。兴。"皇帝率群臣行三跪九拜礼。乐止。

送神

典仪赞奉祝帛、香馔送瘗。司祝、司帛诣神位前咸跪，三叩。司祝奉祝，司帛奉篚，兴。司香跪，奉香；司爵跪，奉馔，兴。以次恭送瘗所。皇帝转立拜位东旁，西向。竢祝帛过，复位立。典仪赞望瘗。司乐赞举望瘗乐，奏《庆丰之章》。乐作，陪祀王、公、百官退。赞引奏："诣望瘗位。"皇帝诣望瘗位。望瘗赞引奏："礼成。"恭导皇帝诣太岁殿上香。乐止，礼部尚书率太常寺卿属恭请神位复御，上香行礼如仪。皇帝于具服殿更衣，乃行亲耕礼。礼毕，还宫。太常寺官彻乾清门斋戒牌、铜人送寺。

右望瘗礼成

乾隆三十七年遵旨，议准先农坛仪注：皇上御礼轿，自外北天门入内北天门，循太岁殿后转至坛东北隅降舆，诣坛行礼。礼成，仍于降舆处御礼轿，诣太岁殿上香。

遣官饷先农坛之礼：先一日，太常寺以祝版送内阁恭书，受而奉诣神库。至日鸡初鸣，遣官朝服诣坛。赞引，太常寺赞礼郎二人引，由坛右门入，行礼于阶下，上香。赞升坛，升降均由东阶下，饮福受胙，王公不陪祀。祝帛送瘗，避立西旁。饷毕，顺天府府尹率属行耕耤礼。余均如前仪。

遣官仪

据《清朝文献通考》卷一百一载。

皇帝亲耕仪：

岁仲春吉亥，皇帝躬耕帝耤。前期，礼部疏请，得旨，命亲王、郡王三人，卿二九人从耕。顺天府备躬耕丝鞭、耒耜，饰以黄服耜、黄犊、稻种、青箱。备从耕三王麦、谷，九卿豆、黍、青箱、鞭及耒耜，朱饰服耜，黝牛。皆依期备办。

先一日，遣官祇告奉先殿。是日黎明，顺天府官豫设案二于太和殿东檐下，以龙亭三分载躬耕鞭、耒、种箱；綵亭四分载麦、谷、豆、黍种箱。銮仪卫备曲盖、御仗。乐部和声署设鼓吹，均竢于午门外。府尹率属奉耕器入陈于第一案，鞭左，耒右；奉种箱陈于第二案，中稻种，左麦、谷，右豆、黍。

皇帝御中和殿，阅先农坛祝版。毕。记注官退竢丹墀。皇帝御保和殿。户部尚书、侍郎率属举案入太和殿，南左门出，北左门诣中和殿。内正中陈鞭耒案，于北；陈种箱案，于南，皆东、西。四遂及礼部尚书、侍郎序立丹升之南，重行，西面。记注官升西阶，复位，立。礼部尚书奉请皇帝御中和殿，阅耕器、五谷种。毕。奏礼成。

皇帝出殿门，乘舆还宫。扈从如仪。户部官举案复于太和殿东檐下。顺天府官升左阶，彻案。奉鞭、耒、种箱出午门外，仍设各亭内。銮仪校异行，前列繖仗。导迎乐作《禧平之章》。至先农坛，由中门诣耤田耕所。

阅耒耜谷种

是日，工部官洒扫观耕台上下，藉以棕荐，张次于具服殿之东。设御屏宝座于台上，正中，南向。武备院官供御座、铺陈。顺天府官陈鞭、耒、种箱龙亭于耤田之左右。陈麦、谷、豆、黍种箱綵亭于从耕位之左右。陈耕器、农器于台下东、西两旁。如仪。

陈设

鸿胪寺官乃辩位。耤田之北正中为皇帝躬耕位。户部尚书一人在右，顺天府府尹一人在左，礼部尚书一人、太常寺卿一人、銮仪卫使一人在前，耆老二人、农夫二人、掌耕犊立表于左右。从耕田首，东班王二人，户部、兵部、工部、通政司各一人，西上；西班王一人，吏部、礼部、刑部、都察院、大理寺各一人，东上。皆顺天府官属丞倅二人、从耆老一人、农夫二人，掌耕牛。乐部典乐一人、和声署正二人、丞二人，立于耤田南。北面，工歌禾词者十有四人，司金、鼓、板、箎、笙、箫各六人。顶带耆老四人、披蓑戴笠执钱镈者二十人。麾五色綵旗者五十人。耆老三十有四人、农夫三十人，相间为班，鱼贯东、西，序立。署正一人立于北，东面。鸿胪寺鸣赞一人立于东，西面；一人立于西，东面。侍仪御史二人分立鸣赞官之北，东、西面。记注官四人立台南阶下之西，东面。不从耕王、公、大学士及三品以上官，夹台东、西隅，翼立，陪位。

序位

届时，皇帝亲飨先农礼。毕。前引内大臣赞："引。"对引太常寺卿，恭导皇帝诣具服殿，更黄龙袍。少竢。銮仪卫官率舆尉回舆，于观耕台东阶外。从耕三王、九卿，暨陪位王公以下，咸蟒袍补服，按班东、西祗候。执事官依位序立。礼部尚书、太常寺卿奏时。遂及前引大臣恭导皇帝出殿，南向，诣耕耤位。和声署正举旌，三麾。歌工、乐工以下齐赴耤田北。前引大臣退于两旁，侍立。从耕三王、九卿就耕位，东、西面立。鸣赞赞："进耒耜。"户部尚书奉耒耜。赞："进鞭。"顺天府府尹奉鞭，均北面，跪、进、兴、退。皇帝右秉耒、左执鞭，礼部尚书、太常寺卿、銮仪卫使恭导，行躬耕礼。耆老牵牛，农夫扶犁，顺天府府尹执青箱，户部尚

209

书随播种。左右鸣金鼓，緑旗招飐。工歌三十六禾词，唱、和从行。皇帝三推三反，毕。歌止。顺天府府尹以青箱，复于龙亭。鸣赞赞："受耒。"户部尚书跪受耒耙。赞："受鞭。"顺天府府尹跪受鞭。皆兴。复置龙亭内。皇帝御补服。礼部尚书奏："请御观耕台。"暨太常寺卿恭导皇帝升中阶，御宝座。后扈内大臣随升御座两旁。记注官升西阶，东面，北上，序立。从耕三王、九卿以次受鞭、耒。耆老牵牛，农夫扶犁，顺天府属丞倅一人执青箱，一人随播种。三王五推五返，九卿九推九返。释鞭、耒，入侍班位立。执事官以青箱复各緑亭。内序班引顺天府属官及耆老农夫服本色服，持农器至台前西偏北，面东。上重行，序立，听。赞："行三跪九叩礼。"退。至耤田终亩。

亲耕

礼部尚书奏："礼成。"皇帝降东阶，乘舆，由先农门出。法驾卤簿前导，导迎乐作，奏《祐平之章》。皇帝回銮。王公从各官以次退。不陪祀王公、百官朝服，集午门外，跪迎。午门鸣钟。王公随驾，入至内金水桥，恭候皇帝还宫。各退。

銮舆回宫

据清光绪《大清会典图》载。

主要礼器：

帛：礼神制帛，色青。皆织字于帛，清、汉文具，用别以色。

祝版：木质，制方，尺寸有度。纵八寸四分，广一尺二寸。承以座，座有雕有素；文表于版，有纯有缘。纸与书各殊色。白纸黄缘，墨书。祝文内容为："惟光绪某年岁次某干支某月某干支朔越若干日某干支皇帝致祭。"

簠：用陶，陶用瓷。色黄。通高四寸四分，深二寸三分；口纵六寸五分，横八寸；底纵四寸四分，横六寸，两耳；盖高一寸六分，上有棱，四周纵四寸八分，横六寸四分，亦附以耳。面为夔龙纹，束为回纹；足为云纹。两耳附以夔龙；盖上有棱四周，旁亦附夔龙耳。

簋：用陶，陶用瓷，色与簠同。通高四寸六分，深二寸三分，口径七寸二分，底径六寸一分，两耳，盖高一寸八分，上有棱，四出高一寸三分。圆而椭。皆口为回纹，腹为云纹，束为黻纹，足为星云纹；两耳附以夔龙；盖面为云纹，口为回纹，上有棱四出。

登：用陶，陶用瓷，色黄。通高六寸一分，深二寸一分，口径五寸，校围六寸六分，底径四寸五分；盖高一寸八分，径四寸五分；顶高四分。口为回纹，中为雷纹。柱为饕餮形，雷纹；足为垂云纹；盖上为星纹，中为垂云纹；口为回纹。

铏：用陶，色如登。通高三寸九分，深三寸六分；口径五寸，底径三寸三分；足高一寸三分，两耳；盖高二寸五分，上有三峰，高九分。两耳为牺形，口为藻纹、次回纹，腹为贝纹、盖为藻纹、回纹、雷纹。上有三峰，为云纹。三足，亦为云纹。

箮：用竹，以绢饰里，顶及缘皆髹以漆。色如登。通高五寸八分，深九分；口径五寸；足径四寸五分；盖高二寸一分；顶正圆，高五分。

豆：用陶，陶用瓷，色如簠、簋。通高五寸五分、深一寸七分；口径五寸、校围六寸六分；足径四寸五分；盖高二寸三分；顶陶纽，高六分。腹为垂云纹、回纹，校围波纹、金鏊纹；足为黻纹；盖为波纹、回纹。顶用绚纽。

爵：用陶，色如豆。通高四寸六分，深二寸四分；两柱高七分；三足相距各一寸八分，高二寸。制皆象爵，形腹为雷纹饕餮形。

瑽：用陶，陶用瓷。纯素，色白。高一寸八分，深一寸五分；口径三寸五分；足径一寸二分。

尊：用陶，陶用瓷，色如豆。高八寸四分；口径五寸一分；腹围二尺三寸七分；底径四寸三分；足高二分。皆纯素。两耳为牺首形。

俎：用木、髹以漆，锡裹。色红，纵六尺有奇，横三尺二寸。通高一尺六寸有奇。中三区，外四周各铜环二，八足有距跗。

簠：色如箮，用竹，髹以漆。高三寸二分，纵四寸五分，横二寸一分；足高七分；盖高一寸一分。三坛：高三寸一分，纵四寸三分，横二尺二寸三分；足高八分；盖高一寸三分。

炉：用铜。炉皆有盖，皆设靠以倚烓香，金铜之制如炉。

镫：用羊角魠镫。

垫：制以木，容奠三爵。

盒：制以木，置香于内，与帛篚同。陈于接桌。

盘：制以木，以实馔。

勺、羃：尊卓皆具勺、羃，勺以挹酒。制以锡。羃以羃尊，制以疏布。

据清光绪《大清会典图》载。

先农神坛陈设：

坛正中为先农神位幄，方形，南向。神幄座上供奉先农神牌位，神座前有怀桌一张，怀桌上摆放三十个盛满美酒的杯琖。怀桌前为笾豆案一张，笾豆案上摆放笾十，豆十，簠二，簋二，登一，铏二和初献、亚献和终献三次向先农神敬献的美酒和爵以及初献敬献给先农神的篚和帛。登中盛放太羹（没有调味的清牛肉汤）。铏中盛放和羹（加了五味调料的牛肉汤）。簠中盛放稻（大米）和粱（高粱米），簋中盛放黍（黄米）和稷（小米），笾中盛放形盐（制成虎形的盐）、枣、芡、咸鱼、栗、鹿脯、榛、白饼、菱、黑饼。豆中盛放笋菹（腌笋）、菁菹（腌韭菜花）、韭菹（腌韭菜）、芹菹（腌芹菜）、鱼醢（鱼肉酱）、鹿醢（鹿肉酱）、醓醢（肉酱）、兔醢（兔肉酱）、脾析（用盐酒腌过的牛百叶丝）、豚拍（小猪肩肉做成的肉干）。

幄外笾豆案前为一俎，俎内三格中各放有向先农神敬献的豕（猪）、牛、羊。俎前为一鑪，鑪两旁各摆放一魫镫（羊角灯）。神幄东边摆放馔桌一张，神幄前西边摆放祝案一张，南向。东边摆放福胙桌、尊桌、接桌各一张，均西向。尊桌上摆放尊三个，尊内盛满美酒，尊用尊幂覆盖。西边接福胙桌一张，东向。东、西、南三天门内正中，各设一香案。南阶上正中为皇帝拜幄，幄内为皇帝拜位，北向。

据《御制律吕正义后编》、《皇朝礼器图式》载。

卤簿乐器：

皇帝乘舆出入先农坛用导迎乐间以铙歌乐。导迎乐用戏竹二，管六，笛四，笙二，云锣二，导迎鼓一，拍板一。笙、笛同中和韶乐，戏竹、云锣、管、板同丹陛大乐。导迎鼓，制如大鼓而小，面径二尺四分八釐，匡高一尺六寸二分。绘五采云龙，腹施铜胆。旁施金镮四，系黄绒䋌。二人异行，击以柎槌。铙歌乐陈铙歌鼓吹，铙歌鼓吹用龙鼓四十八，画角二十四，大铜角八，小铜角八，金二，钲四，笛十二，杖鼓四，拍板四。

笛同中和韶乐。截竹为之，皆间缠以丝，两端加龙首龙尾。左一孔，另吹孔，次孔加竹膜，右六孔，皆上出。出音孔二，相对旁出。末二孔，亦上出。一姑洗笛，径四分三厘五豪，自吹孔右尽，通长一尺二寸五分一厘七豪，阳月用之。一仲吕笛，径四分一厘六豪，自吹孔右尽，通长一尺一寸九分七厘二豪，阴月用之。

板同丹陛大乐。以坚木为之，左右各三片。近上横穿二孔，以黄绒䋌联之，合击以为节。

龙鼓，木匡冒革，面径一尺五寸三分六釐，匡高六寸四分八釐。面匡绘饰金镮俱如导迎鼓。镮系黄绒䋌，行则悬于项，陈则置于架。架攒竹三，贯以枢而揳之。

画角，木质，中虚腹广，两端锐。长五尺四寸六分一釐二豪，上下束以铜，中束以藤五就，鮌以漆。以木哨入角端吹之，哨长七寸二分九釐。

大铜角，一名大号，范铜为之，上下二截，形如竹筒，本细末大，中为圆球。纳上截于下截，用则引而伸之，通长三尺六寸七分二釐。

小铜角，一名二号，范铜为之，上下二截。上截直，下截哆，各有圆球相衔，引纳如大铜角，通长四尺一寸四釐。大角体巨声下，小角体细声高，不以长短论。

金，范铜为之。面平，径一尺四寸五分八釐，深二寸二分七釐五豪。旁穿二孔，结黄绒䋌贯于木柄，提而击之。

钲，范铜为之，形如槃。面平，口径八寸六分四釐，深一寸二分九釐八豪，边阔八分六釐四豪。穿六孔，两两相比，周以木匡，亦穿孔，以黄绒䋌联属之。左右铜镮二，系黄绒䋌，悬于项而击之。

杖鼓，上下二面，铁圈冒革，复檀以木匡，细腰。匡高一尺九寸四分四釐、腰径二寸八分八釐，两端径各八寸一分，上下面径各一尺二寸九分六鳌。面匡俱鮈黄，绘流云，中为太极。缘以绿皮掩钱。上下边缀金钩各六，以黄绒紃交络之。腰加来焉。腰饰绿皮焦叶文。以鮈砆竹片击之。

皇帝亲祭先农之神用中和韶乐乐器：

中和韶乐中的"中和"二字，取自《礼记·中庸》："喜怒哀乐之未发，谓之中；发而皆中节，谓之和。"因此"中和"二字意为和谐。韶乐，即美好的音乐，相传舜制的音乐曰"韶"。中和韶乐是明清时期重要的礼仪用乐，明初制定宫廷雅乐时，定"中和韶乐"之名，至清代沿用，用于祭祀、大朝会、大宴飨。表示最和谐完美、最符合儒家伦理道德的音乐。演奏中和韶乐的乐器分别为：

鎛钟，范金为之，凡十二，应十二律。其制皆上径小，下径大，纵径大，横径小。乳三十六。两角下垂。十二钟各虡，大小异制。黄钟之钟，两栾高一尺八寸二分二厘，甬长一尺零八分，以次递减至应钟之钟，两栾高九寸六分，甬长五寸六分八厘。黄钟之钟，十一月用之；大吕之钟，十二月用之；太簇之钟，正月用之；夹钟之钟，二月用之；姑洗之钟，三月用之；仲吕之钟，四月用之；蕤宾之钟，五月用之；林钟之钟，六月用之；夷则之钟，七月用之；南吕之钟，八月用之；无射之钟，九月用之；应钟之钟，十月用之。钟之簨虡凡四，皆涂金、上簨左右刻龙首，脊树金鸾，咮衔五采流苏，龙口亦如之，下垂至跗。中簨有业，镂云龙。附簨结黄绒紃以悬钟。左右两虡，承以五采伏狮。下为跗，跗上有垣，镂山水形。黄钟、大吕、太簇三虡尺度同，夹钟、姑洗、仲吕三虡尺度同，蕤宾、林钟、夷则三虡尺度同，南吕、无射、应钟三虡尺度同，用时不并陈，如以黄钟为宫，则祇悬黄钟之钟。余月仿此。

特磬，以和阗玉为之，凡十二，应十二律。其制为钝角矩形，长股谓之鼓，短股谓之股，皆两面为云龙形，穿孔系紃而悬之。十二磬各虡，大小异制。黄钟之磬，股长一尺四寸五分八厘，鼓长二尺一寸八分七厘。以次递减，至应钟之磬，股长七寸六分八厘，鼓长一尺一寸五分二厘。愈小者质愈厚，黄钟之磬，厚七分二厘九豪，递增至应钟之磬，厚一寸二分九厘六豪。黄钟之磬，十一月用之；大吕之磬，十二月用之；太簇之磬，正月用之；夹钟之磬，二月用之；姑洗之磬，三月用之；仲吕之磬，四月用之；蕤宾之磬，五月用之；林钟之磬，六月用之；夷则之磬，七月用之；南吕之磬，八月用之；无射之磬，九月用之；应钟之磬，十月用之；磬之簨虡亦四，惟上簨左右刻凤首，跗饰卧兔，白羽朱喙。十二磬不并陈，当月则悬其一，与镈钟同。

编钟，范金为之，十六钟同虡，应十二正律、四倍律，夷则、南吕、无射、应钟各有倍律。阴阳各八。外形椭圆，大小同制，惟内高、内径、容积各不同。实体之薄厚，以次递增。第一倍夷则之钟，体厚一分三厘三豪，至第十六应钟之钟，体厚二分八厘四豪。簨虡涂金，上簨左右刻龙首，中、下二簨俱刻朵云，系金钩悬钟。两虡承以五采伏狮，下为跗，镂山水形。

编磬，以灵壁石或碧玉为之，十六磬同虡，应十二正律、四倍律，与编钟同。阴阳各八。皆为钝角矩形，大小同制。股长七寸二分九厘，鼓长一尺九分三厘五豪，惟实体之薄厚，以次递增。第一倍夷则之磬，厚六分六豪八丝，至第十六应钟之磬，厚一寸二分九厘六豪。簨虡制同编钟，惟上簨左右刻凤首，跗饰卧兔，白羽朱喙。

建鼓，木匡冒革，贯以柱而树之。面径二尺三寸四厘，匡长三尺四寸五分七厘，匡半穿方孔，贯柱上出擎盖，下植至跗。盖上穹下方，顶涂金，上植金鸾为饰。承鼓以曲木，四歧抱匡，跗四足，各饰卧狮。击以双桴，直柄圆首，凡鼓桴皆如之。

篪二，皆截竹为质，间缠以丝，横吹之。一孔上出为吹口，五孔外出，一孔内出又二孔并间下出为出音孔。管末有底，中开一孔，吹孔上留竹节以闭音。一姑洗篪，径八分七厘，自吹口至管末，九寸九分五厘九豪，阳月用之。一仲吕篪，径八分三厘二豪，自吹口至管末，九寸五分二厘五豪，阴月用之。

排箫，比竹为之，其形参差象凤翼。十六管，阴阳各八，同径殊长。上开山口单吹之，无旁出孔。自左而右，列二倍律、夷则，无射。六正律以协阳均。自右而左，列二倍吕，南吕，应钟。六正吕以协阴均。管面各镌律吕名，纳于一椟，而齐其吹口。椟用木，形如几，虚其中以受管。

埙有二，烧土为之，形皆椭圆如鹅子，上锐下平。前四孔，后二孔，顶上一孔，以手捧而吹之。一黄钟埙，内高二寸二分三厘，腹径一寸七分一厘七豪，底径一寸一分六厘八豪，阳月用之。一大吕埙，内高二寸一分三厘三豪，腹径一寸六分四厘二豪，底径一寸一分一厘七豪，阴月用之。

箫二，截竹为之，皆上开山口，五孔前出，一孔后出，出音孔二，相对旁出。一姑洗箫，径四分三厘五豪，自山口至出音孔，长一尺五寸八分四厘二豪，阳月用之。一仲吕箫，径四分一厘六豪，自山口至出音孔，长一尺五寸一分五厘二豪，阴月用之。

笛二，截竹为之，皆间缠以丝，两端加龙首龙尾。左一孔，另吹孔，次孔加竹膜，右六孔，皆上出。出音孔二，相对旁出。末二孔，亦上出。一姑洗笛，径四分三厘五豪，自吹孔右尽，通长一尺二寸五分一厘七豪，阳月用之。一仲吕笛，径四分一厘六豪，自吹孔右尽，通长一尺一寸九分七厘二豪，阴月用之。

琴，面用桐，底用梓，鈯以漆。前广、后狭、上圆、下方、中虚。通长三尺一寸五分九厘。底孔二，上曰龙池，下曰凤池。腹内有天地二柱，天柱圆，当肩下；地柱方，当腰上。凡七弦，皆朱。第一弦一百八纶，第二弦九十六纶，第三弦八十一纶，第四弦七十二纶，第五弦六十四纶，第六弦五十四纶，第七弦四十八纶。轸七，徽十三。其饰岳山焦尾用紫檀，徽用螺蚌，轸结黄绒绹，承以鈯漆几。

瑟，体用桐，鈯以漆，前广、后狭、面圆、底平、中高、两端俯。通长六尺五寸六分一厘。底孔二，是为越。前越四出，后越上圆下平。凡二十五弦，弦皆二百四十三纶。中一弦黄，两旁皆朱。设柱和弦，柱无定位，各随宫调。弦孔饰螺蚌，承以鈯金几二。

笙二，截紫竹为管，环植匏中，匏或以木代之。管皆十七，束以竹，本丰末敛，管本近底削半露窍。以薄铜叶为簧，点以蜡珠，其上各按律吕分开出音孔。匏之半施椭圆短嘴，昂其末。中为方孔，别为长嘴如凤颈，置于短嘴方孔中。末为吹口，气从吹口入，鼓簧成音。小笙制如大笙而小，亦十七管，惟第一、第九、第十六、第十七管不设簧，有簧者凡十三管，余均与大笙同。

搏拊，如鼓而小。面径七寸二分九厘，匡长一尺四寸五分八厘。匡上施金盘龙二，衔小金镮，以黄绒紃系之，横置跌上。用时悬于项，击以左右手。每建鼓一击，则搏拊两击以为节。

柷，以木为之，形如方斗，上广下狭，三面正中各隆起为圆形以受击，一面中为圆孔以出音。以跌承之，击具曰止。

敔，以木为之，形如伏虎，背上有二十七龃〈齿吾〉刻，以跌承之。鼓之以籈，以竹为之，析其半为二十四茎，于龃〈齿吾〉上横轹之。

麾，黄帛为之，绣九曲云龙。上饰蓝帛，绣红日，日中绣中和字。上绣三台星，左北斗，右南斗。帛上下施横木，上镂双龙，下为山水形，皆鲀金。朱杠，上曲为龙首以悬麾，麾举乐作，麾偃乐止。特磬，玉制，每组计1件磬。

干，中和韶乐用。木质，圭首，上半绘五采云龙，下绘交龙，缘以五色羽文。中为粉地，朱书"雨旸时若，四海永清。仓箱大有，八方敉宁。奉三永奠，得一为正，百神受职，万国来庭"。凡八语，俏各一语。干背鲀朱，有横带二，中施曲木，武舞生左手执之。

戚，中和韶乐用。木质，斧形，背黑刃白，柄鲀朱，武舞生右手执之。

羽，中和韶乐用。木柄，植雉羽，衔以涂金龙首，柄鲀朱，文舞生右手执之。

籥，中和韶乐用。六孔竹管，鲀朱，文舞生左手执之。

乐悬：

乐器的布置现场，简称乐悬。皇帝亲祭中中和韶乐乐悬具体布置为镈钟一，设于左。特磬一，设于右。编钟十六，同一簴设于镈钟之右。编磬十六，同一簴设于特磬之左。建鼓一，设于镈钟之左。其内，左、右埙各一，篪各三，排箫各一，并列为一行。又内，笛各五，并列为一行。又内，箫各五并列为一行。又内，瑟各二，并列为一行。又内，琴各五，并列为一行。左、右笙各五，竖列为一行。左，柷一，搏拊一；右，敔一，搏拊一。乐悬前设麾一。

皇帝亲耕用金六，鼓六，箫六，笛六，笙六，拍板六。其中：

箫、笛、笙同中和韶乐。

拍板同丹陛大乐。拍板，以坚木为之，左右各三片。近上横穿二孔，以黄绒纠联之，合击以为节。

金制同铙歌鼓吹而微小。

槌用黄韦，瓜形，柄紃铢。

鼓，制如龙鼓而微小，悬于项击之。

祭祀服饰：

1. 皇帝

（1）冠

《礼记·冠义》称："冠者，礼之始也，故圣王重冠"。清代礼服中的朝冠分冬、夏两种形制。九月十五日或二十五日，皇帝御冬朝冠，薰貂为之，十一月朔至上元，用黑狐。上缀朱纬，顶三层，贯东珠各一，皆承以金龙各四，饰东珠如其数，上衔大珍珠一。三月十五日或二十五日，皇帝御夏朝冠，织玉草或藤丝、竹丝为之，缘石青片金二层，里用红片金或红纱。上缀铢纬。前缀金佛，饰东珠十五。后缀舍林，饰东珠七。顶如冬朝冠。

皇帝夏朝冠图

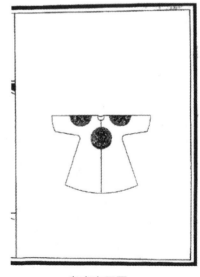
皇帝衮服图

（2）衮服

衮服为古代皇帝及上公的礼服，与冕冠合称为"衮冕"，是古代最尊贵的礼服之一，是皇帝在祭天地、宗庙及正旦、冬至、圣节等重大庆典活动时穿用的礼服。中国传统的衮衣主体分上衣与下裳两部分，衣裳以龙、日、月、星辰、山、华虫、宗彝、藻、火、粉米、黼、黻十二章纹为饰，另有蔽膝、革带、大带、绶等配饰。明朝于洪武十六年（公元 1383 年）始定衮冕制度，至洪武二十六年（公元 1393年）、永乐三年（公元 1405 年）时又分别做过补充和修改。皇帝十二章中日、月、星辰、山、龙、华虫六种织于衣，宗彝、藻、火、粉米、黼、黻绣于裳。

清代在明代基础上更加简化，等级也十分明确。只有皇帝所穿称衮服，色用石青，绣五爪正面金龙四团，两肩前后各一。其章左日、右月，前后万寿篆文，间以五色云。春秋棉袷，夏以纱，冬以裘，各唯其时。

（3）祭服

清代帝后仅在特定的重大典礼场合身着朝服，并且根据不同的场合选择不同的颜色。清代的朝服上衣与下裳相连，其颜色、龙纹、十二章纹等均取自中华传统礼制和佛教文化，披领、马蹄袖、大襟右衽等式样以及纹饰形式保留满族习俗。清代的朝服制度至乾隆朝完善定制，式样有两类，颜色分明黄、蓝、红、月白四种。

皇帝夏朝服图

十一月朔至上元，皇帝御冬朝服，色用明黄，唯南郊祀谷用蓝，披领及裳俱表以紫貂，袖端薰貂，绣文两肩前后正龙各一，襞积行龙六。列十二章，俱在衣，间以五色云。九月十五日或二十五日，皇帝御冬朝服，色用明黄，唯朝日用红，披领及袖俱石青片金加海龙缘，绣文两肩前后正龙各一，腰帷行龙五，衽正龙一，襞积前后团龙各九，裳正龙二、行龙四，披领行龙二，袖端正龙各一。列十二章，日、月、星辰、山、龙、华虫、黼、黻在衣，宗彝、藻、火、粉米在裳，间以五色云。下幅八宝平水。缎纱单袷，各唯其时。三月十五或二十五日，皇帝御夏朝服，色用明黄，唯雩祭用蓝，夕月用月白。而祭祀所着祭服与朝服唯一区别就在于衣袖颜色上，朝服袖与衣颜色不相同，祭服袖与衣颜色相同。

（4）朝珠

皇帝朝珠用东珠一百有八，佛头、记念、背云，大小坠珍宝杂饰各唯其宜，绦皆明黄色。清代礼服佩戴的朝珠与佛家的念珠形制相似，大体由珠身、佛头、记念、背云、大小坠角组成。皇帝朝珠由明黄色丝线将一百零八颗东珠穿成，每二十七颗隔以佛头，朝珠最上的佛头连以阔丝带，从后背中央垂下，缀大块宝石，称背云。左右两侧再出三串小珠串，其中左胸二串、右胸一串，每串珠十粒，其末端亦缀宝石小坠角称为记念。

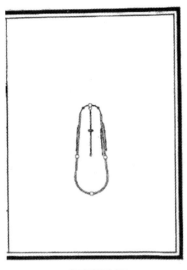

皇帝朝珠图

（5）朝带

皇帝朝带分两种制式，一为典礼用，一为祭祀用。其中祭祀用朝带制式为色用明黄色，龙文金方版四，其饰祀天用青金石，祀地用黄玉，朝日用珊瑚，夕月用白玉，每具衔东珠五。佩帉（巾）及绦唯祀天用纯青，余如圆版朝带之制。中约圆结如版饰，衔东珠各四。佩囊纯石青，左觿（锥子），右削（放刀的匣子），并从版色。圆版朝带为典礼用，制式为色用明黄色，饰红宝石或蓝宝石及绿松石，每具衔东珠五，围珍珠二十。左右佩帉，浅蓝及白各一，下广而锐。中约镂金圆结，饰宝如版，围珠各三十。佩囊（荷包）文绣、燧觿、刀削、结佩唯宜，绦皆明黄色。通过清代朝服带上所佩帉、囊、觿与削，可以鲜明地反映出满族这个渔猎民族的生活习俗。

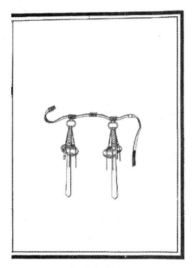

皇帝朝带图

2. 乐生

乐生冠制式为顶为镂花铜座，铜座上植明黄翎。月生袍，用红缎，前后方襴，方襴内绣黄鹂。执麾者也穿此袍。乐生带为绿色云纹的缎。

和声署乐生夏冠图

和声署乐生袍图

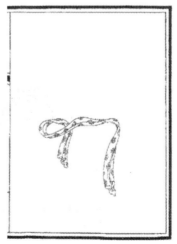

和声署乐生带图

3. 文舞生、武舞生

（1）文舞生

文舞生冠制式为顶镂花铜座，铜座中饰方铜，镂葵花，铜座上衔铜三角，如火珠形。袍用红云绸，前后方襴，方襴销金葵花。腰带为绿绸。

神乐署文舞生夏冠图　　　　神乐署文舞生袍图　　　　神乐署文舞生带图

（2）武舞生

武舞生冠制式为顶上衔铜三棱，如古戟形。袍用红云绸，通体销金葵花。腰带同文舞生，为绿绸。

神乐署武舞生夏冠图　　　　　神乐署武舞生袍图

附录六

北京先农坛主要建筑特征表

| 名　称 | 始建年代 | 使用功能 | 规模 | 体量 | 形　制 | | | 彩画（外檐） |
					屋　面	斗拱	其　他	
庆成宫（斋宫）	明天顺二年（1458年）	皇帝行庆贺礼	五开间	七檩	庑殿琉璃顶	五踩单翘单昂镏金斗拱	前设月台、丹陛，周以栏板	金龙和玺彩画
太岁殿	明永乐十八年（1420年）	祭祀太岁诸神	七开间	十三檩	歇山琉璃顶	七踩单翘双昂镏金斗拱		金龙和玺彩画
具服殿	明永乐十八年（1420年）	皇帝更衣休憩	五开间	七檩	歇山琉璃顶	五踩单翘单昂镏金斗拱		金龙和玺彩画
太岁殿东庑	明永乐十八年（1420年）	祭祀春秋月将	十一开间	七檩	悬山琉璃顶			大金点旋子彩画
焚帛炉	明永乐十八年（1420年）	焚烧祝帛祭品			歇山琉璃顶	五踩单翘单昂斗拱	仿木结构	明式旋子彩画（砖雕）
观耕台	乾隆十九年（1754年）	皇帝观耕	方形台座				方形琉璃台座周以栏板，草龙纹饰（琉璃）	
神仓	明嘉靖十一年（1532年）	存储耤田之获	圆廪		圆攒尖琉璃顶		室内方砖上铺木地板	雄黄玉旋子彩画
收谷亭	明嘉靖十一年（1532年）	验收耤田之获	方形亭		四角攒尖琉璃顶			雅伍墨旋子彩画
宰牲亭	明永乐十八年（1420）	宰杀牺牲	五开间	七檩	上层檐悬山顶下层四坡水		内有漂牲池	旋子彩画

续表

名　称	始建年代	使用功能	规　模	体量	形　制			彩画（外檐）
					屋　面	斗　拱	其　他	
井亭	明永乐十八年（1420）	制作祭品取水		六角	六角盝顶削割瓦	三踩单翘单昂镏金斗拱	盝顶中空下对井口	墨线大金点龙锦枋心旋子彩画
神牌库	明永乐十八年（1420）	存放先农神牌、神祇神牌	五开间	九檩	悬山削割瓦顶			墨线大金点龙锦枋心旋子彩画

附录七

北京先农坛近年历次修缮情况

院落名称	项目名称	修缮面积（平方米）	修缮时间	工程做法概述
先农神坛、观耕台、具服殿	先农神坛	273	1999 年	拆砌陡板砖，归安阶条石，台面方砖剔补，台周新墁地扒子散水。
	观耕台	273	1997 年	台面垫层重新铺设，细墁地面方砖；黏接、补配、归安石栏板，补配踏步琉璃象眼儿；台周新墁地扒子散水。
			2011 年	疏通观耕台台面排水口；对 1997 年重铺地面方砖表面，做有机硅防水三道；对于表面风化酥粉严重的琉璃构件，采取抢救性保护措施。
	具服殿	647	1997 年	揭宽屋面，补配瓦件 20%，西次间更换后檐檩，恢复原状装修，外檐新做彩画油饰。
			2011 年	拆除室内于 2001 年搭建的会议室设施，拆除室内私设隔断和吊顶。室内外立柱门窗重做地仗油饰，殿外台基剔除酥碱闪鼓灰砖，重新补做新砖。
神仓建筑群	大门	72	1994 年—1996 年	揭宽屋面，更换糟朽椽望；剔补干摆墙面；地面、礓礤铺墁；油饰三间大门，补配门钉。
	收谷亭	46.9		揭宽屋面，更换糟朽椽望；细墁地面，外檐新做油饰彩画。
	神仓	58.1		揭宽屋面，更换糟朽椽望；更换雷公柱及坐斗，恢复原状门装修，更换糟朽木地板；外檐新做油饰彩画。
	祭器库	245		揭宽屋面，更换糟朽椽望；恢复装修原状，剔补干摆墙面；细墁地面，外檐新做油饰画。
	东仓房 1	76.9		
	东仓房 2	96.5		

院落名称	项目名称	修缮面积（平方米）	修缮时间	工程做法概述
神仓建筑群	西仓房1	76.9	1994年—1996年	揭宽屋面，更换糟朽椽望；恢复装修原状，剔补干摆墙面；细墁地面，外檐新做油饰画。
	西仓房2	96.5		
	东值房	119.8		
	西值房	119.8		
	其他			修复围墙瓦面，剔补干摆墙砖，上身抹靠骨灰饰广红浆；院地面铺设甬道。
	院墙		2007年	清理、拆除周边后建房屋及院外地坪；重做院墙外侧瓦面，补配琉璃瓦件、脊件；修补下肩酥碱严重处的墙面砌体，局部择砌；清理墙边地坪，坛墙两侧散水。
庆成宫建筑群	内宫门	120.7	2001年—2003年	清除屋面杂草，修补松散瓦件；剔补干摆墙下肩，上身抹靠骨灰；后檐恢复汉白玉石栏板。
	大殿	666.63		揭宽屋面，更换糟朽椽望；打夯拨正歪闪梁架，更换脊檩1根，扶脊木1根；墩接檐柱2根；恢复原状装修；剔补干摆墙面；室内地面剔补，月台地面原方砖重新细墁，破碎严重者补配，修复补配月台汉白玉栏板，归安条石、陡板石；外檐新做油饰彩画，内檐彩画除尘保护，天花板彩画原状修复加固。
	寝殿	288.6		揭宽屋面，更换糟朽椽望；拨正歪闪梁架，更换脊檩扶脊木各3根；墩接檐柱2根；恢复原状装修；剔补干摆墙面，东次间槛墙局部重砌；室内地面剔补；外檐新做油饰彩画，内檐彩画除尘保护，天花板彩画原状修复加固。
	东配殿	84.12		前檐做临时保护修缮，后檐角柱墩接1根。

续表

院落名称	项目名称	修缮面积（平方米）	修缮时间	工程做法概述
庆成宫建筑群	西配殿	84.12	2001年—2003年	揭宽屋面，更换糟朽椽望80%，更换南次间焚毁檩垫枋5组，三架梁瓜柱各1根；墩接檐柱；恢复原状装修；剔补干摆墙面；细墁地面；外檐新做油饰彩画。
	东掖门	64.7		揭宽屋面，更换糟朽椽望，更换角梁1根；补制大门并油饰；剔补干摆墙面砖，上身抹靠骨灰饰广红浆；檐头额枋以上油饰彩画。
	西掖门	64.7		揭宽屋面，更换糟朽椽望，补配檩条、仔角梁，新配大门；剔补干摆墙面砖，上身抹靠骨灰饰广红浆；油饰大门，额枋以上彩画。
	其他			补砌被拆墙体，修复围墙瓦面，剔补干摆墙砖，上身抹靠骨灰饰广红浆；增设东墙随墙门；院地面修复甬道。
	地面		2007年	拆除院内后建房屋，清理地坪；剔补打点风化御路石，按原物补配两侧瓮墁城砖；重做院内散水。
神厨建筑群及宰牲亭	大门	17.9	1999年—2004年	恢复并配制屋面瓦件，修复原状地面及大门，留存一组拱眼壁火焰珠彩画，其余新做油饰彩画。
	正殿	342.4	1999年—2004年	揭宽屋面，更换糟朽椽望；墩接檐柱2根，明间前檐两侧金柱增加抱柱；室内原城砖地面抄平并用塑料薄膜保护，上墁酮体方砖；恢复装修原状；剔补干摆墙面，归安条石，修复原状台阶及散水；外檐新做油饰彩画，内檐彩画除尘保护。
			2011年—2012年	根据殿内梁架彩画保存状况分别进行除尘和除尘后复位粘贴。

院落名称	项目名称	修缮面积（平方米）	修缮时间	工程做法概述
神厨建筑群及宰牲亭	东、西井亭	41	1999年—2004年	揭宽屋面，更换糟朽椽望，剔补角梁；屋顶井口木枋与脊间增设铜板出檐5厘米；恢复周边栅栏；大木构架防虫防腐处理；细墁地面方砖，剔补磉礅及散水；下架及檐头油饰，彩画除尘原状保护。
			2011年—2012年	砍挠清除旧有酥残彩画碎片，根据彩画保存状况重做地仗，补绘彩画，回贴开裂、起翘彩画；对于裸露的木构件，全部进行防腐处理。
	东神库	270.9	1999年—2004年	揭宽屋面，更换糟朽飞椽；更换瓜柱1根，脊檩2根，扶脊木5根；恢复装修原状，剔补干摆墙面，归安条石，修复原状台阶；外檐新做油饰彩画。室内地面修缮同正殿。
			2011年—2012年	根据殿内梁架彩画保存状况分别进行除尘和除尘后复位粘贴。
	西神厨	271.6	1999年—2004年	揭宽屋面，更换糟朽椽望；更换西南角柱1根，北次间两侧七架梁下各支顶立柱两根；剔补干摆墙面，归安条石，修复原状台阶、装修；外檐后檐原状保留彩画一间，其余新做油饰彩画。室内地面修缮同正殿。
	宰牲亭	261.3	1999年—2004年	揭宽屋面，更换糟朽椽望；墩接檐柱1根；新做装修；剔补干摆墙面；清除室内地面机桩并细墁室内地面方砖，原状保留毛血池；外檐新做油饰彩画。
			2011年—2012年	根据室内梁架彩画保存状况分别进行除尘和除尘后复位粘贴。
	其他		1999年—2004年	修复围墙瓦面，补砌院西墙北段，剔补干摆墙砖，上身抹靠骨灰饰广红浆；神厨院地面二样城砖海墁，宰牲亭地面海墁仿古水泥砖，恢复原状北围墙。

院落名称	项目名称	修缮面积（平方米）	修缮时间	工程做法概述
太岁殿建筑群	拜殿	859.2	1988 年	揭筑屋面，更换望板 100%、椽飞 70%，扶脊木 5 根，明间脊枋 1 根，瓜柱 2 根；恢复明制装修，细墁地面，内外檐新做油饰彩画，东稍间内檐彩画原状保护。
			2001 年	揭筑西次间檐头松散瓦面；墙面喷刷广红浆；恢复月台南地坪、月台青白石地面。
			2010 年	屋面修补，抽换糟朽椽望、连檐、瓦口；补配缺失、残损的勾头、滴水、钉帽；重刷铁红色外墙防水涂料；重做殿内木柱、门窗及博缝板地仗油饰。
	太岁殿	1319.7	1988 年	揭筑屋面，檐头灰背重新铺设，更换糟朽椽望，扶脊木 4 根，外檐新做油饰彩画。
			2001 年	揭筑东山面檐头局部瓦面，修补更换糟朽望板。
			2011 年	屋面修补，抽换糟朽椽望、连檐、瓦口；重做殿内木柱及室外门窗地仗油饰；补配缺失、残损的勾头、滴水、钉帽；修补后檐西北角靠剥落处骨灰，重刷铁红色外墙防水涂料；重做剥落的山花板及博缝板；剔补打点东南角台帮酥碱。
	东配殿	755	1988 年	揭筑屋面，更换望板 100%、椽飞 70%，更换后檐柱 4 根，角柱 1 根，抱头梁、穿插枋各 1 根，后檐檩 5 根；恢复明制装修，细墁地面，外檐新做油饰彩画。
			2001 年	揭筑后檐檐头瓦面，更换糟朽飞望、瓦口；剔补台明陡板砖；前檐南北稍间增设踏步。

续表

院落名称	项目名称	修缮面积（平方米）	修缮时间	工程做法概述
太岁殿建筑群	西配殿	755	1988 年	揭宽屋面，更换望板 100%、椽飞 70%，更换后檐柱 5 根，金柱 1 根，抱头梁 1 根，穿插枋 2 根，后檐檩 3 根；恢复明制装修，细墁地面，外檐新做油饰彩画。
			2001 年	揭宽前后檐廊步瓦面，修补、更换椽望 40%；剔补台明陡板砖；前檐南北稍间增设踏步。
	焚帛炉		1988 年	揭宽屋面，剔补干摆墙体及砖制椽飞等。
			2011 年	重新调整松动瓦件，用砖灰加树脂修补了缺损的基座局部灰砖、补齐了缺失的斗拱。
	围墙		2001 年	整修墙体瓦面；铲除灰抹砖缝墙，剔补干摆墙，上身抹靠骨灰饰广红浆。
神祇坛	内坛南区		2002 年	搬迁安装地祇坛石雕，区域绿化草坪、灌木 9551 平方米，条石铺设车道，海墁仿古水泥城砖。
坛门	内坛西门	151.69	1999 年	清除屋面杂草，修补松散瓦件，剔补干摆墙下肩，上身抹靠骨灰，油饰大门，补配门钉。
	内坛北门	151.69	1998 年	北坡瓦面全部重新揭瓦，整修归安各脊，补配缺少吻兽；墙体下肩酥碱处剔补，墙上身灰皮剥落处清除残损泥皮，重新抹麻刀灰，整体墙面喷刷红土浆。墙体四周沿开启门处增设护栏；补配缺损门钉。
			2010 年	清洗被污染的彩画；将下肩风化砖墙表面的灰尘及酥粉沙砾和石屑刷掉。将过去人为的水泥修补，全部剔除；加固并修补砖墙缺失部分。
	内坛南门	151.69	2003 年	重做地仗、木构油饰，屋面瓦件补全，去除杂草，墙面剔除酥碱，重补新砖，墙面喷涂红浆，补做门钉。

续表

院落名称	项目名称	修缮面积（平方米）	修缮时间	工程做法概述
坛墙	外坛东墙、南墙		2003 年	清除墙面抹灰及其杂物，铲除违章建筑地面；现有墙面补配，白灰勾缝；清除墙帽中的杂乱砌体，铲除灌木杂草；拆除残存椽望构件，重新更换檐椽、望板、木枋（檐口木）、垫木等。
	内坛墙		2007 年	清理、拆除文物建筑周边后建房屋及地坪；重做瓦面，补配琉璃瓦件、脊件、木椽及檐口木；修补墙面；清理墙边地坪，重做两侧散水。
其他	内坛北区		2004 年	海墁仿古水泥城砖，铺设条石车道。

附录八

北京古代建筑博物馆历年
观众参观情况一览

年　份（年）	观众总数（人）	购票观众数（人）	免票观众数（人）
1991	24000		
1992	12000		
1993	20000		
1994	23000		
1995	30000		
1996	30000		
1997	35000		
1998	20000		
1999	30000		
2000	50000		
2001	80000		
2002	1050000		
2003	350000		
2004	45288	29021	16267
2005	56276	42423	13853
2006	56276	41335	10162
2007	65661	51422	14239
2008	55580	28617	26963
2009	52195	23101	29094
2010	50415	42595	7820
2011	3138		
2012	57697		
2013	31923	9922	20906
2014	54983	15376	39965
2015	78284	29809	48867
2016	72918	23392	49526

后　记

《北京先农坛志》，是北京古代建筑博物馆"十三五规划"期间的馆级科研项目。编纂工作历时四年，从 2016 年筹划，到 2017 年动笔，最后 2019 年截稿。

《北京先农坛志》编纂的一个主要侧重点是，根据多年来的本馆工作实践与研究历程，在简明扼要叙述明清民国建筑和坛区变迁基础上，将新中国成立后先农坛的几十年混沌不清的历史厘清。因此，之前已经出版过的有关先农坛的作品中明清民国史料以及历史考证等内容就不再复述，只以知识点的形式分布在各章叙述中。

体例上，全书结构经过专家组的考虑和认可，考虑到北京先农坛的具体情况，将全书分为三个章节，即"建置与功能"（阐述单体建筑的情况）、"坛区"（阐述从坛区建成到今天的变迁情况），以及"北京古代建筑博物馆"（阐述先农坛今天所有者的情况）。后附若干附录。

本着实事求是的原则，我们依据掌握的资料如实记录历史事件，尽可能避免人为评述，以为社会留下一份明确清晰公正的材料。

全书执笔人员及分担的工作内容是：

董绍鹏（执行组织全书编纂。构思并策划目录结构。撰写：各章序言；第三章第一节的"特色活动"，"部门工作开展"中的"陈列保管工作"；第二节的"基本陈列"，部分"专题陈列"的内容，"文物征集与模型制作"，"研究工作"；附录一、二）；

陈媛鸣（撰写：第一章，第三章第三节；附录六、七）；

温思琦（撰写：第二章第二节；部分第二章第一节的内容；附录五）；

周磊（撰写：部分第二章第一节的内容）；

郭爽（撰写：第三章第二节的"引进临展"、"巡展"；部分"专题陈列"的内容）；

闫涛（撰写：第三章第二节的"社会教育工作"；附录八）；

周海荣（撰写：第三章第二节的"文化创意工作"）；

丛子钧（撰写：第三章第四节）；

李莹（撰写：第三章第二节的"科普活动"）；

陈晓艺（撰写：第三章第一节"部门工作开展"中的"社教与信息工作"）；

张云（撰写：第三章第一节的"管理机构"，"部门工作开展"中的"人事工作"）；

黄潇（撰写：第三章第一节的"党务工作"）；

凌琳（撰写：第三章第一节的"工会工作"）；

刘星（撰写：第三章第一节"部门工作开展"中的"保卫工作"）。

《北京先农坛志》的完成，标志着对新中国成立后先农坛历史进行一次完整清晰整理工作的结束，与之前已经完成的先农坛历史发展研究合为一体，构成完整的先农坛历史研究序列。

编　者

2020 年 1 月